Nosso planeta

Texto fixado conforme as regras do Novo Acordo Ortográfico da Língua Portuguesa (Decreto Legislativo no 54, de 1995).

Título original: *A Life on Our Planet*

Com agradecimentos ao WWF pelo trabalho científico e de conservação retratado neste livro e no documentário nele baseado.

O autor também gostaria de agradecer a Colin Butfield e Mark Wright.

Editora responsável: Amanda Orlando
Assistente editorial: Isis Batista
Preparação de texto: Theo Cavalcanti
Revisão: Bruna Brezolini, Marcela Isensee e Laize de Oliveira
Diagramação: Douglas Kenji Watanabe
Capa: Estúdio Insólito
Imagem de capa: Jeff Gilbert/Alamy/ Fotoarena

1ª edição, 2022

CIP-BRASIL. CATALOGAÇÃO NA PUBLICAÇÃO
SINDICATO NACIONAL DOS EDITORES DE LIVROS, RJ

A894n

Attenborough, David, 1926-
Nosso planeta : o alerta do maior ecologista do nosso tempo / David Attenborough, Jonnie Hughes ; tradução Marcelo Barbão. — 1ª ed. — Rio de Janeiro : Globo Livros, 2022.
192 p. ; 23 cm.

Tradução de: A life on our planet : my witness statement and a vision for the future
Inclui caderno de fotos
ISBN 978-65-5987-068-4

1. Attenborough, David, 1926-. 2. História natural. 3. Biodiversidade — Conservação. I. Hughes, Jonnie. II. Barbão, Marcelo. III. Título.

CDD: 577.09
22-80011 CDU: 574.1(09)

Meri Gleice Rodrigues de Souza - Bibliotecária - CRB-7/6439

Direitos de edição em língua portuguesa para o Brasil
adquiridos por Editora Globo S.A.
Rua Marquês de Pombal, 25 — 20230-240 — Rio de Janeiro — RJ
www.globolivros.com.br

David Attenborough
com Jonnie Hughes

Nosso planeta

O alerta do maior ecologista do nosso tempo

Tradução: Marcelo Barbão

GLOBOLIVROS

SUMÁRIO

Introdução
Nosso maior erro

Pripyat, na Ucrânia, é um lugar diferente de qualquer outro em que já estive. É um lugar de total desespero.

À primeira vista, parece uma cidade bastante agradável, com avenidas, hotéis, uma praça, um hospital, parques com brinquedos, uma agência central dos correios, uma estação ferroviária. Possui várias escolas e piscinas, cafés e bares, um restaurante à beira do rio, lojas, supermercados e cabeleireiros, um teatro e um cinema, um local para dançar, academias e um estádio de futebol com pista de atletismo. Tem todas as amenidades que nós, humanos, criamos para termos uma vida feliz e confortável — todos os elementos do nosso hábitat caseiro.

Circundando o centro cultural e comercial da cidade, estão os apartamentos. Existem 160 torres, construídas em ângulos específicos para permitir uma rede de ruas bem localizadas. Cada apartamento tem sua própria varanda. Cada torre tem sua própria lavanderia. As torres mais altas chegam a quase vinte andares, e cada uma é coroada com uma gigantesca estrutura de ferro em forma de foice e martelo, o emblema dos criadores da cidade.

Pripyat foi erguida pela União Soviética, em uma época de muitas construções, na década de 1970. Foi projetada como a cidade perfeita para quase 50 mil pessoas, uma utopia modernista para atender aos melhores engenheiros e cientistas do Bloco Leste, junto com suas jovens famílias. Imagens de filmes amadores do início dos anos 1980 mostram os moradores sorrindo, socializando e empurrando carrinhos de bebê nas largas avenidas, tendo aulas de balé, nadando na piscina olímpica e navegando no rio.

No entanto, ninguém mora em Pripyat hoje. As paredes estão desmoronando. Suas janelas estão quebradas. Os lintéis estão desabando. Tenho que andar com cuidado enquanto exploro os prédios escuros e vazios. Há cadeiras caídas nos salões de cabeleireiro, rodeadas por aparelhos empoeirados e espelhos quebrados. Lâmpadas fluorescentes pendem do teto do supermercado. O piso de parquete da prefeitura foi arrancado e espalhado por uma grande escadaria de mármore. Cadernos escolares jogados pelo chão das salas de aula, a caligrafia cirílica marcando suas páginas com tinta azul. Encontro as piscinas vazias. As almofadas dos sofás dos apartamentos estão no chão. As camas estão podres. Quase tudo está parado — em pausa. Quando algo é agitado por uma rajada de vento, isso me assusta.

A cada nova porta que entro, a falta de pessoas se torna mais preocupante. A ausência delas é a verdade que está mais presente. Já visitei outras cidades pós-humanas — Pompeia, Angkor Wat e Machu Picchu —, mas, aqui, a normalidade do lugar me obriga a prestar atenção na anormalidade de seu abandono. Suas estruturas e seus equipamentos são tão familiares que sabemos que seu desuso não pode ser simplesmente devido ao passar dos anos. Pripyat é um lugar de desespero absoluto, porque tudo aqui, desde os quadros de avisos que ninguém mais vê às réguas de cálculo descartadas na aula de ciências e ao piano quebrado no café, é um monumento à capacidade da humanidade de perder tudo de que precisa e tudo o que valoriza. Nós, humanos, sozinhos na Terra, somos poderosos o suficiente para criar mundos e depois destruí-los.

Em 26 de abril de 1986, o reator número 4 da usina nuclear Vladimir Ilyich Lenin, hoje conhecida por todos como "Chernobyl", explodiu. A explosão foi resultado de um mau planejamento e erro humano. O projeto dos reatores tinha falhas. A equipe operacional não tinha esse conhecimento e, além disso, foi descuidada em seu trabalho. Chernobyl explodiu por causa de erros — a explicação mais humana de todas.

Um material quatrocentas vezes mais radioativo do que o expelido pela combinação das bombas de Hiroshima e Nagasaki foi enviado para grande parte da Europa pelos fortes ventos. Caiu dos céus em gotas de chuva e flocos de neve, entrou nos solos e cursos d'água de muitas nações. Por fim, invadiu a cadeia alimentar. O número de mortes prematuras causadas pelo evento ainda é contestado, mas as estimativas chegam a centenas de milhares. Muitos consideram Chernobyl a catástrofe ambiental mais dispendiosa da história.

Infelizmente, isso não é verdade. Algo mais foi se desdobrando, em todos os lugares, em todo o mundo, quase imperceptível no dia a dia, durante grande parte do século passado. Isso também está acontecendo como resultado de um mau planejamento e erro humano. Não se trata de um acidente infeliz, mas sim de uma prejudicial falta de cuidado e compreensão que afeta tudo o que fazemos. Não começou com uma única explosão. Tudo se iniciou silenciosamente, antes que alguém percebesse, como resultado de causas multifacetadas, globais e complexas. A precipitação de partículas radioativas não pode ser detectada por um único instrumento. Centenas de estudos foram necessários no mundo todo para confirmar que isso está acontecendo. Seus efeitos serão muito mais profundos do que a contaminação de solos e cursos d'água em alguns poucos e infelizes países — o que poderia, em última análise, levar à desestabilização e ao colapso de tudo o que nos sustenta.

Esta é a verdadeira tragédia de nosso tempo: o declínio em espiral da *biodiversidade* do nosso planeta. Para que a vida realmente se desenvolva neste planeta, deve existir uma vasta biodiversidade. Somente quando bilhões de diferentes organismos individuais aproveitarem ao máximo todos os recursos e oportunidades que encontrarem, e milhões de espécies levarem vidas que se interliguem para que se sustentem mutuamente, o planeta poderá funcionar de maneira eficiente. Quanto maior a biodiversidade, mais segura será toda a vida na Terra, incluindo a nossa. No entanto, a maneira como nós, humanos, estamos vivendo agora na Terra está levando ao declínio da biodiversidade.

Todos somos culpados, mas, é preciso dizer, não temos toda a culpa. Foi apenas nas últimas décadas que compreendemos que cada um de nós nasceu em um mundo humano que sempre foi inerentemente insustentável. No entanto, agora que sabemos disso, temos uma escolha a fazer. Poderíamos continuar vivendo nossas vidas felizes, criando nossas famílias, ocupando-nos com as atividades honestas da sociedade moderna que construímos, enquanto optamos por ignorar o desastre que espera à nossa porta. Ou podemos mudar.

Essa escolha está longe de ser simples. Afinal, é humano agarrar-se firmemente ao que conhecemos e desprezar ou temer o que não conhecemos. Todas as manhãs, a primeira coisa que o povo de Pripyat via ao abrir as cortinas de seus apartamentos era a gigantesca usina nuclear que um dia destruiria suas vidas. A maioria dos habitantes trabalhava lá. O restante dependia deles para seu sustento. Muitos compreenderam os perigos de viver tão perto da usina, mas duvido que alguém teria optado por desligar os reatores. Chernobyl havia dado a eles algo precioso — uma vida confortável.

Somos todos habitantes de Pripyat agora. Vivemos nossas vidas confortáveis à sombra de um desastre de nossa própria criação. Esse desastre está sendo causado pelas mesmas coisas que nos permitem viver nossas vidas confortáveis, e é bastante natural continuar assim até que haja uma razão convincente para deixar de fazer isso e um plano muito bom como alternativa. Por isso escrevi este livro.

O mundo natural está desaparecendo. As evidências estão por toda parte. Aconteceu durante minha vida. Vi com meus próprios olhos. Levará à nossa destruição.

No entanto, ainda há tempo para desligar o reator. *Há* uma excelente alternativa.

Este livro é a história de como fizemos isso, cometemos nosso maior erro, e como, se agirmos agora, ainda poderemos consertá-lo.

Parte um
Minha declaração como testemunha

Enquanto escrevo estas linhas, tenho 94 anos. Tive uma vida extraordinária. Só agora percebo o quanto foi extraordinária. Tive a sorte de passar minha vida explorando os lugares selvagens de nosso planeta e fazendo filmes sobre as criaturas que vivem lá. Ao fazer isso, viajei muito ao redor do globo. Conheci o mundo vivo em primeira mão, em toda sua variedade e perfeição, e testemunhei alguns de seus maiores espetáculos e dramas mais emocionantes.

Quando era menino, eu sonhava, como tantos outros, em viajar para lugares distantes e selvagens para olhar o mundo natural em seu estado primitivo e, até mesmo, encontrar animais que eram novos para a ciência. Agora, acho difícil de acreditar que consegui passar boa parte da minha vida fazendo exatamente isso.

Uma árvore solitária em Leicester.

1937

População mundial: 2,3 bilhões[1]
Carbono na atmosfera: 280 partes por milhão[2]
Natureza remanescente: 66%[3]

Quando eu tinha onze anos, morava em Leicester, no centro da Inglaterra. Naquela época, não era incomum que um menino da minha idade andasse de bicicleta, fosse para o campo e passasse um dia inteiro longe de casa. E era o que eu fazia. Toda criança explora. Apenas virar uma pedra e contemplar os animais que há embaixo dela já é uma exploração. Nunca me ocorreu fazer outra coisa senão ficar fascinado ao observar o que estava acontecendo no mundo natural ao meu redor.

Meu irmão mais velho tinha outra perspectiva. Leicester tinha uma sociedade de teatro amadora que apresentava produções de nível quase profissional, e, embora de vez em quando ele me convencesse a me juntar a ele e repetir algumas falas em papéis secundários, não era o que eu amava fazer.

Em vez disso, assim que o tempo ficava suficientemente quente, eu pedalava até a parte leste do condado, onde havia rochas repletas de fósseis lindos e intrigantes. Não eram, é verdade, ossos de dinossauros. O calcário cor de mel havia sido depositado como lama no fundo de um mar antigo, então ninguém poderia esperar encontrar os restos de tais monstros terrestres nele. Em vez disso, descobria conchas de criaturas marinhas — amonites — com cerca de quinze centímetros de diâmetro, enroladas como chifres de carneiro; outras do tamanho de avelãs, onde, em seu interior, existiam minúsculos esqueletos de calcita que sustentavam as guelras por meio das quais essas criaturas haviam respirado. E eu não conhecia nenhuma emoção maior do que pegar uma rocha aparentemente satisfatória, dar um golpe forte com um martelo e vê-la desmoronar para revelar uma dessas conchas maravilhosas, brilhando à luz do Sol. E me deliciava com o pensamento de que os primeiros olhos humanos a contemplá-la tinham sido os meus.

Eu acreditava, desde muito cedo, que o conhecimento mais importante era aquele que proporcionava uma compreensão de como o mundo natural funcionava. Não eram as leis criadas por seres humanos que me interessavam, mas os princípios que governavam a vida dos animais e das plantas; não a história de reis e rainhas, ou mesmo as diversas línguas que foram desenvolvidas por diferentes sociedades humanas, mas as verdades que norteavam o mundo ao meu redor muito antes da aparição da humanidade. Por que havia tanta variedade de espécies de amonites? Por que esta era diferente daquela? Ela vivia de uma forma diferente? Vivia em uma área diferente? Logo descobri que várias pessoas haviam feito essas perguntas e encontrado muitas respostas; e que essas respostas poderiam ser reunidas para formar a mais maravilhosa de todas as histórias — a história da vida.

A história do desenvolvimento da vida na Terra é, em grande parte, uma história de mudanças lentas e constantes. Cada criatura cujos restos eu encontrava nas rochas tinha passado sua vida inteira sendo testada pelo ambiente. Aquelas que conseguiram sobreviver e se reproduzir melhor passaram adiante suas características. Aquelas que não conseguiram, não passaram. Ao longo de bilhões de anos, as formas de vida mudaram lentamente e se tornaram mais complexas, mais eficientes, por vezes até mesmo mais especializadas, e a longa história delas, detalhe por detalhe, podia ser deduzida pelo que se encontrava nas rochas. Os calcários de Leicestershire tinham registrado apenas um pequeno momento, mas outros capítulos podiam ser encontrados nos espécimes que o museu da cidade exibia. E, para descobrir ainda mais, decidi que, quando chegasse a hora, tentaria ir para a universidade.

Ali, aprendi outra verdade. Essa longa história de mudança gradual foi violentamente interrompida em alguns pontos. A cada 100 milhões de anos mais ou menos, depois de todas essas seleções e melhorias meticulosas, algo catastrófico acontecia — uma *extinção em massa*.

Por várias razões, em diferentes épocas na história da Terra, houve uma mudança profunda, rápida e global no ambiente ao qual tantas espécies tinham se adaptado tão primorosamente. A máquina de suporte à vida da Terra tinha engasgado, e a miraculosa reunião de frágeis interconexões que mantinham essas espécies unidas entrou em colapso. Um grande número de espécies desapareceu repentinamente, sobrando apenas algumas. Toda aquela evolução

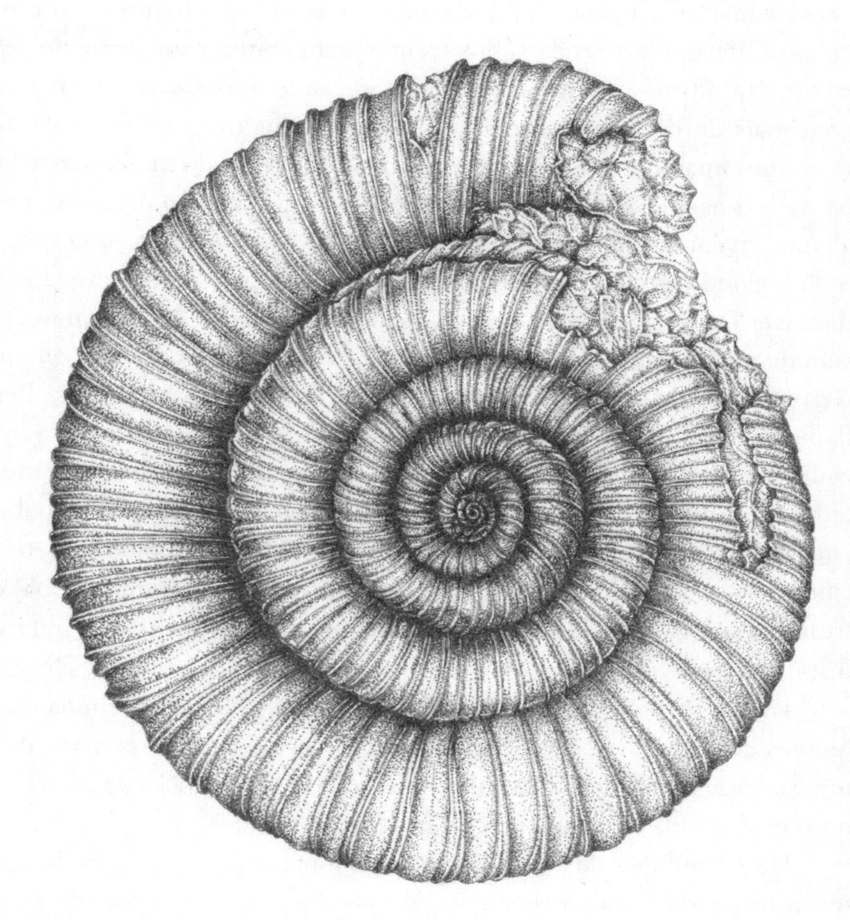

©LIZZIE HARPER

Amonite *Dactylioceras*.

foi desfeita. Essas extinções monumentais criaram fronteiras nas rochas que você poderia ver se soubesse onde olhar e como reconhecê-las. Abaixo dessa fronteira havia muitas formas de vida diferentes. Acima, muito poucas.

Essas extinções em massa aconteceram cinco vezes nos 4 bilhões de anos de história da vida.[4] Em cada uma dessas vezes, a natureza entrou em colapso, deixando apenas sobreviventes suficientes para reiniciar o processo. Na última vez que isso aconteceu, acredita-se que um meteorito com mais de dez quilômetros de diâmetro atingiu a superfície da Terra com um impacto 2 milhões de vezes mais poderoso do que a maior bomba de hidrogênio já testada.[5] Ele aterrissou em um leito de gesso, então, alguns imaginam, jogou enxofre para o alto da atmosfera, que caiu em todo o globo como chuva suficientemente ácida para matar a vegetação e dissolver os corpos de plâncton nas águas superficiais dos oceanos. A nuvem de poeira que se levantou bloqueou a luz do Sol a tal ponto que pode ter reduzido o ritmo de crescimento das plantas por vários anos. Restos flamejantes da explosão podem ter se precipitado de novo sobre a Terra, causando tempestades de fogo em todo o hemisfério ocidental. O mundo em chamas teria adicionado dióxido de carbono e fumaça ao ar já poluído, aquecendo o planeta por meio de um efeito estufa, e, como o meteorito caiu na costa, deu início a tsunâmis colossais que varreram o globo, destruindo ecossistemas costeiros e enviando areia marinha para o interior, a distâncias significativas.

Foi um evento que mudou o curso da história natural — eliminando três quartos de todas as espécies, incluindo qualquer coisa na Terra maior do que um cachorro doméstico. Terminou o reinado de 175 milhões de anos dos dinossauros. A vida teria de ser reconstruída.

Por 66 milhões de anos, desde então, a natureza esteve trabalhando na reconstrução do mundo vivo, recriando e aperfeiçoando uma nova diversidade de espécies, e um dos frutos dessa reinicialização da vida foi a humanidade.

Nossa própria evolução também está registrada nas rochas. Os fósseis de nossos ancestrais próximos são muito mais raros do que os das amonites porque elas evoluíram há apenas 2 milhões de anos. E há outra dificuldade: os restos mortais de animais terrestres não estão, em sua maior parte, selados sob sedimentos que se acumulam como os das criaturas marinhas. Em vez disso, são esmagados pelos poderes destrutivos do sol escaldante, da chuva torrencial e do gelo. Mas eles existem, e os poucos vestígios que encontramos de nossos ancestrais mostram que evoluímos primeiro na África. Ao evoluirmos, nossos cérebros começaram a aumentar de tamanho a uma proporção que sugeria que estávamos adquirindo uma de nossas principais características — a capacidade de desenvolver *culturas* em um grau único.

Para um biólogo evolucionista, o termo "cultura" descreve a informação que pode ser passada de um indivíduo para outro por ensino ou imitação. Copiar as ideias ou ações de outras pessoas parece fácil para nós — mas é porque somos muito bons nisso. Apenas um punhado de outras espécies mostra qualquer sinal de ter uma cultura. Chimpanzés e golfinhos-nariz-de-garrafa são duas delas, mas nenhuma outra tem algo que se aproxime da nossa capacidade cultural.

A cultura transformou a forma como evoluímos. Foi uma nova maneira pela qual nossa espécie se adaptou à vida na Terra. Enquanto outras dependiam de mudanças físicas ao longo de gerações, poderíamos produzir uma ideia que proporcionasse transformações significativas em uma geração. Truques como encontrar as plantas que produzem água mesmo durante uma seca, criar uma ferramenta de pedra para remover a pele de uma caça, acender uma fogueira ou cozinhar uma refeição podem ser passados de um humano para outro durante uma única vida. Era uma nova forma de herança que não dependia dos genes que um indivíduo recebia de seus pais. Então, o ritmo de nossa mudança aumentou. Os cérebros de nossos ancestrais se expandiram a uma velocidade extraordinária, permitindo que aprendêssemos, guardássemos e difundíssemos ideias. Mas, finalmente, as mudanças físicas em seus corpos diminuíram quase até parar. Cerca de 200 mil anos atrás, os humanos anatomicamente modernos, *Homo sapiens* — pessoas como você e eu — apareceram. Mudamos muito pouco fisicamente desde então. O que mudou extraordinariamente foi a nossa cultura.

No início de nossa existência como espécie, nossa cultura era centrada em um estilo de vida de caça e coleta. Éramos excepcionalmente bons nas duas coisas. Nós nos equipamos com os produtos materiais de nossa cultura, como anzóis para pegar peixes e facas para abater cervos. Aprendemos a controlar o fogo para cozinhar e a usar pedras para moer grãos. Mas, apesar de nossa cultura engenhosa, nossas vidas não eram fáceis. O ambiente era hostil e, mais importante, imprevisível. O mundo, em geral, era muito mais frio do que agora. O nível do mar era bem mais baixo. Era difícil encontrar água doce, e as temperaturas globais oscilavam muito em períodos de tempo relativamente curtos. Podemos ter tido corpos e cérebros bastante parecidos com os que temos agora, mas, em um ambiente tão instável, era difícil sobreviver. Dados de estudos genéticos de humanos modernos sugerem que, na verdade, há 70 mil anos, esses perigos climáticos nos deixaram suscetíveis a eventos que quase nos exterminaram. Nossa espécie inteira pode ter sido reduzida a apenas 20 mil adultos férteis.[6] Se quiséssemos desenvolver muito mais, precisaríamos de um pouco de estabilidade. O recuo das últimas geleiras, há 11.700 anos, proporcionou essa estabilidade.

O *Holoceno* — a parte da história da Terra que consideramos como nosso tempo — tem sido um dos períodos mais estáveis da longa história do nosso planeta. Por 10 mil anos, a temperatura global média não variou, para cima ou para baixo, em mais de 1 °C.[7] Não sabemos exatamente o que produziu essa estabilidade, mas a riqueza do mundo vivo pode muito bem ter tido algo a ver com isso.

Fitoplâncton, plantas microscópicas flutuando perto da superfície do oceano, e vastas florestas se estendendo ao redor do globo no Norte bloquearam uma grande quantidade de carbono e ajudaram a manter um nível equilibrado de *gases do efeito estufa* na atmosfera. Enormes rebanhos de animais pastando mantinham as savanas ricas e produtivas, fertilizando os solos e estimulando um novo crescimento com o pastoreio. Manguezais e recifes de coral ao longo da costa forneciam viveiros para peixes jovens, que, quando amadureciam, iam para as águas abertas e enriqueciam os ecossistemas do oceano. Um denso cinturão de floresta tropical em várias camadas ao redor do Equador aproveitava a energia do Sol e adicionava umidade e oxigênio às correntes de ar globais, e grandes extensões brancas de neve e gelo nas extremidades norte e sul da Terra refletiam a luz do Sol de volta para o espaço, resfriando todo o planeta como um gigantesco ar-condicionado.

Assim, a florescente biodiversidade do Holoceno ajudou a moderar as temperaturas globais da Terra, e o mundo vivo se estabeleceu em um ritmo anual suave e confiável — as estações. Nas planícies tropicais, as estações seca e chuvosa se alternavam com a regularidade de um relógio. Na Ásia e na Oceania, os ventos mudavam de direção na mesma época do ano, levando a monção na hora certa. Nas regiões do norte, as temperaturas chegavam a mais de 15 °C em março, desencadeando a primavera, e depois permaneciam altas até outubro, quando caíam e traziam o outono.

O Holoceno foi nosso Jardim do Éden. O ritmo das estações era tão confiável, que deu à nossa espécie as oportunidades de que precisávamos — e nós as aproveitamos. Assim que o meio ambiente se estabilizou, grupos de pessoas que viviam no Oriente Médio começaram a abandonar a coleta de plantas e a caça de animais, e adotaram um estilo de vida completamente novo. Elas começaram a cultivar. A mudança não foi deliberada. Não foi algo planejado. O caminho para a agricultura foi longo, casual e acidental, direcionado mais pela sorte do que por previsão.

No Oriente Médio, as terras tinham todas as características necessárias para esses acasos felizes. Estão no entroncamento entre três continentes — África, Ásia e Europa —, então, por milhões de anos, espécies de plantas e animais de todos os três passaram e se estabeleceram aqui. As encostas e várzeas foram colonizadas por plantas como as ancestrais selvagens dos atuais trigo, cevada, grão-de-bico, ervilhas e lentilhas — todas as espécies que produzem sementes tão ricas em nutrientes, que podem sobreviver às estações secas prolongadas. Esses petiscos devem ter atraído pessoas todos os anos. Se pudessem colher mais sementes do que precisavam imediatamente, sem dúvida teriam começado a armazená-las, como fazem alguns outros mamíferos e pássaros, para que pudessem ser comidas durante o inverno, quando o alimento era escasso. Em algum ponto, os *caçadores-coletores* interromperam suas andanças e se estabeleceram com a certeza de que suas sementes armazenadas forneceriam alimento quando não houvesse nada mais disponível.

Gado selvagem, cabras, ovelhas e porcos existiam naturalmente nessa região. Inicialmente, eles deveriam ser selvagens, mas também se tornaram *domesticados* em alguns milhares de anos após o início do Holoceno. Novamente, haverá muitos passos intermediários, e sem dúvida não intencionais, na jornada do selvagem ao domesticado. No início, os caçadores selecionavam machos para matar e protegiam as fêmeas reprodutoras, a fim de aumentar as populações. Provas disso foram encontradas por cientistas que estudam os ossos de animais em torno de locais de aldeias antigas. Os humanos também podem ter expulsado outros predadores animais ou vivido inteiramente sem carne por períodos do ano para manter o estoque selvagem. Por fim, eles não apenas caçavam, mas começaram a manter os animais vivos por longos períodos, e passaram a criá-los, inevitavelmente selecionando como seu estoque aqueles indivíduos que eram menos agressivos e mais tolerantes.

Com o tempo, todos esses desenvolvimentos foram aprimorados por outras inovações — construção de depósitos de grãos, pastoreio, uso de canais de irrigação, cultivo e plantação, adição de esterco. A agricultura havia chegado. Talvez o seu advento tenha sido quase inevitável quando uma espécie tão inteligente e criativa como a nossa encontrou um clima tão estável quanto o do Holoceno. Certamente, o hábito de plantar começou de forma independente em pelo menos onze regiões diferentes ao redor do mundo, desenvolvendo gradualmente cepas de uma ampla gama de colheitas, incluindo as conhecidas, como batata, milho, arroz e cana-de-açúcar, e animais domésticos como burros, galinhas, lhamas e abelhas.

A agricultura transformou a relação entre a humanidade e a natureza. Estávamos, de uma forma muito pequena, domando uma parte do mundo selvagem — controlando nosso ambiente em um grau modesto. Construímos paredes para proteger as plantas do vento. Abrigamos nossos animais da luz do Sol plantando árvores. Usando o estrume deles, fertilizamos a terra onde pastavam. Asseguramos que nossas safras crescessem em épocas de seca, mantendo-as irrigadas com a construção de canais de rios e lagos.

Removemos plantas que competiam com as que considerávamos úteis e cobrimos encostas inteiras com aquelas que preferíamos.

Tanto os animais como as plantas que selecionamos dessa forma também começaram a mudar. Como protegemos os animais que pastam, eles não precisavam mais se defender dos ataques de predadores ou lutar pelo acesso às fêmeas. Removemos as ervas daninhas de nossas plantações para que as plantas alimentícias pudessem crescer sem competição com outras espécies e obter todo o nitrogênio, a água e a luz solar de que precisavam. Elas produziam grãos, frutos e tubérculos maiores. Os animais tornaram-se mais dóceis à medida que eliminamos sua necessidade de cautela e agressão. Suas orelhas caíram, suas caudas se enrolaram, eles continuaram a latir, balir e gemer como em seus anos mais jovens, mesmo quando eram maduros — talvez porque, em muitos aspectos, permaneceram eternamente jovens, sendo alimentados e protegidos por nós, seus pais substitutos. E também estávamos mudando de uma espécie moldada pela natureza para uma que tinha a capacidade de moldar outras espécies de forma a atender as nossas próprias necessidades.

O trabalho dos fazendeiros era árduo. Eles sofriam com secas e fome frequentes, mas no final foram capazes de produzir mais do que precisavam para suas necessidades imediatas. Em comparação com seus vizinhos caçadores-coletores, conseguiam criar famílias maiores. Esses filhos e filhas extras eram úteis não apenas para cuidar das colheitas e do gado, mas para ajudar a família a manter a posse de seus campos. A agricultura tornou a terra mais valiosa do que no estado selvagem, e os fazendeiros começaram a construir mais abrigos permanentes para manter suas reivindicações.

As terras pertencentes a diferentes famílias variavam inevitavelmente no tipo de solo, na disponibilidade de água e na aparência, portanto, algumas colheitas e rebanhos se saíram melhor do que outros. Depois de alimentar a família, os fazendeiros podiam comercializar o excedente. Comunidades agrícolas passaram a se reunir em mercados abertos para trocar seus produtos. Começaram a trocar comida por outros bens e habilidades. Os fazendeiros precisavam de pedra, corda, óleo e peixe. Queriam os produtos de carpinteiros, pedreiros e fabricantes de ferramentas, que agora, pela primeira vez, podiam trocar suas habilidades por alimentos em vez de perder tempo cultivando-os. À medida que o número de negócios aumentou, os mercados transformaram-se em vilas e depois em cidades, em muitos dos vales férteis dos rios. Conforme cada vale era colonizado, alguns fazendeiros mudavam--se para o próximo em busca de novos campos. Tribos vizinhas de caçadores-coletores, negociando com as comunidades agrícolas, fundiram-se a elas à medida que cresciam, e a prática da agricultura espalhou-se rapidamente pelos rios em todas as bacias hidrográficas.

A civilização havia começado. Ela ganhou ritmo a cada geração e a cada inovação técnica. A força da água, a força do vapor e a eletrificação foram inventadas e refinadas — e todas as conquistas com as quais estamos familiarizados hoje foram estabelecidas. Mas cada geração, nessas sociedades cada vez mais complexas, foi capaz de se desenvolver e progredir apenas porque o mundo natural continuou a ser estável e podia ser confiável para fornecer as mercadorias e as condições de que precisávamos. O ambiente benigno do Holoceno, e a maravilhosa biodiversidade que o garantiu, tornou-se mais importante do que nunca para nós.

David Attenborough com Benjamin, um urso-do-sol da Malásia, *Zoo Quest*.

1954

População mundial: 2,7 bilhões
Carbono na atmosfera: 310 partes por milhão
Natureza remanescente: 64%

Depois de estudar ciências naturais na universidade e prestar serviço militar na Marinha Real, ingressei no recém-criado Serviço de Televisão da BBC, que começou em 1936, o primeiro do mundo, usando dois pequenos estúdios em Alexandra Palace, no norte de Londres. Foi suspenso quando a Segunda Guerra Mundial estourou, mas em 1946 ele recomeçou, usando as mesmas câmeras nos mesmos estúdios. Todos os programas eram ao vivo e em preto e branco, e só podiam ser vistos em Londres e Birmingham. Meu trabalho era produzir programas de não ficção de todos os tipos, mas, à medida que o número e a variedade de programas exibidos aumentavam a cada noite, comecei a me especializar em história natural.

Para começar, mostrávamos animais trazidos do zoológico de Londres para os estúdios. Eles eram colocados em uma mesa coberta por um tapete e, geralmente, manuseados por um dos especialistas do zoológico. Mas isso fazia com que parecessem aberrações ou excêntricos. Eu queria muito que os espectadores os vissem em seus ambientes próprios — na selva, onde suas formas e cores variadas faziam sentido — e acabei descobrindo uma maneira de fazer isso. Montei um plano com Jack Lester, o curador de répteis do zoológico de Londres. Ele sugeriu ao diretor do zoológico que precisava ir para Serra Leoa, na África Ocidental, que conhecia bem, e que eu o acompanharia com um cinegrafista para filmar o que ele fizesse. Depois de cada sequência de filme mostrando Jack trabalhando na selva, ele aparecia ao vivo no estúdio, mostrava o animal real que havia capturado e explicava algo sobre sua história natural. Seria uma excelente publicidade para o zoológico, e a BBC teria um novo tipo de programa com animais. Chamamos de *Zoo Quest*. Então, em 1954, parti para a África com Jack e Charles Lagus, um jovem cinegrafista que havia trabalhado no Himalaia e usava a leve câmera de filme 16 mm de que precisaríamos.

Charles Lagus filmando *Zoo Quest* na Guiana.

Pangolim-malaio *Manis javanica*.

O primeiro programa foi transmitido em dezembro de 1954. Infelizmente, no dia seguinte à transmissão, Jack foi levado ao hospital com uma doença tão grave, que acabaria por matá-lo. Não havia como ele ir ao estúdio para o segundo programa na semana seguinte. Apenas uma pessoa poderia fazer isso, e essa pessoa era eu. Então fui instruído a deixar a sala de controle da qual dirigia as câmeras ao vivo e, em vez disso, ficar no estúdio enfrentando cobras, macacos, pássaros raros e camaleões que a expedição havia trazido. Assim comecei minha carreira na frente das câmeras.

A série acabou se tornando muito popular e comecei a viajar pelo mundo fazendo episódios para o *Zoo Quest* — Guiana, Bornéu, Nova Guiné, Madagascar, Paraguai. Aonde quer que eu fosse, encontrava áreas selvagens: mares costeiros cintilantes, vastas florestas, imensas planícies abertas. Ano após ano, explorei esses lugares com câmeras, gravando as maravilhas do mundo natural para os espectadores em casa. As pessoas que nos ajudaram, guiando-nos por essas selvas e desertos, não conseguiam entender como eu achava tão difícil localizar animais — já que era claramente óbvio para elas. Demorei algum tempo para adquirir as habilidades de que precisava para me tornar razoavelmente competente para viver e trabalhar no ambiente selvagem.

Os programas se tornaram muito populares. As pessoas nunca tinham visto um pangolim antes na televisão. Nunca tinham visto uma preguiça. Mostramos o maior lagarto, o chamado "dragão" que vive em Komodo, uma pequena ilha na Indonésia central, e filmamos pela primeira vez aves-do-paraíso dançando na floresta da Nova Guiné.

A década de 1950 foi uma época de grande otimismo. A Segunda Guerra Mundial, que deixou a Europa em ruínas, estava começando a desaparecer da memória. O mundo inteiro queria seguir em frente. A inovação tecnológica estava crescendo, facilitando nossas vidas, introduzindo novas experiências. Parecia que nada iria limitar nosso progresso. O futuro seria emocionante e traria tudo o que sempre sonhamos. Quem era eu, viajando pelo mundo com a missão de explorar a natureza, para discordar?

Isso foi antes de qualquer um de nós perceber que havia problemas.

Zebras no Serengueti.

1960

População mundial: 3 bilhões
Carbono na atmosfera: 315 partes por milhão
Natureza remanescente: 62%

SE EXISTE UMA REGIÃO SELVAGEM da qual todos têm uma imagem mental clara são as grandes planícies da África, com seus elefantes, rinocerontes, girafas e leões. Minha primeira visita às planícies foi em 1960. Embora a vida selvagem que encontrei fosse maravilhosa, foi a imensidão das paisagens abertas que chamou minha atenção. Na língua massai, a palavra "Serengueti" significa "planícies sem fim". É uma descrição apropriada. Você pode estar em um ponto no Serengueti, e o lugar parecer estar totalmente vazio de animais — e então, na manhã seguinte, há 1 milhão de gnus, 250 mil zebras, meio milhão de gazelas. Alguns dias depois disso, eles sumiram, no horizonte, longe da vista. Você seria perdoado por pensar que essas planícies são infinitas quando podem engolir rebanhos tão imensos.

Naquela época, parecia inconcebível que os seres humanos, uma única espécie, pudessem um dia ter o poder de ameaçar algo tão vasto quanto esse deserto. No entanto, esse era exatamente o receio de um cientista visionário, Bernhard Grzimek. Ele era o diretor do Zoológico de Frankfurt e o havia restabelecido de uma pilha de gaiolas quebradas e crateras de bombas após a guerra. Na década de 1950, ele se tornou um rosto conhecido na televisão alemã apresentando filmes sobre a vida selvagem africana. Seu mais famoso, *Serengeti Shall Not Die* [O Serengueti não morrerá], ganhou o Oscar de Melhor Documentário em 1959. O filme registrava seu trabalho para tentar mapear os movimentos dos rebanhos de gnus. Ele e seu filho Michael, que era um piloto qualificado, usaram um pequeno avião para seguir os rebanhos no horizonte. Mapearam como os gnus cruzavam rios, florestas e fronteiras nacionais, e com isso ele começou a entender o funcionamento de todo o ecossistema do Serengueti. Tornou-se evidente que as gramíneas, surpreendentemente, precisavam dos herbívoros tanto quanto os herbívoros precisavam delas — sem os pastores, as gramíneas não seriam tão dominantes. Elas evoluíram para que fossem capazes de resistir a serem comidas por 1 milhão de bocas vorazes. Quando os dentes dos rebanhos cortavam as folhas perto do nível do solo, as plantas usavam reservas de sustento em suas bases logo abaixo da terra para crescer novamente. Quando os cascos dos rebanhos rompiam o solo e as plantas lançavam suas sementes, a próxima geração de grama era estabelecida. Quando continuava o avanço dos rebanhos, os capins eram capazes de crescer rapidamente, nutridos pelas pilhas de estrume que os animais haviam deixado para trás. O que parecia um caminho de destruição no rastro dos rebanhos era, na verdade, uma etapa essencial do ciclo de vida das gramíneas. Se houvesse pouco pastoreio, as gramíneas desapareceriam sombreadas por plantas mais altas que viriam a dominar na ausência dos rebanhos.

Era um conto de interdependência característico das descobertas então feitas pela ciência emergente da *ecologia*. A tarefa de nomear e classificar as espécies do mundo que preocupava os zoólogos no século XIX estava sendo substituída por outras atividades. Os zoólogos, agora, estavam se tornando mais especializados. Alguns estudavam o funcionamento de células animais, invisíveis a olho nu, usando microscópios e aparelhos de raios X cada vez mais poderosos — uma busca que, em 1953, resultou na descoberta da estrutura do DNA, a própria essência da herança. Outros, os ecologistas, desenvolveram técnicas estatísticas e equipamentos de pesquisa para estudar comunidades de animais que vivem juntas na natureza. Na década de 1950, esses ecologistas estavam começando a entender o aparente caos do mundo exterior e como toda a vida estava interconectada em uma teia de infinita variedade, com tudo dependendo de todo o resto. Animais e plantas tinham uma relação próxima e às vezes íntima uns com os outros, mas, embora fortemente interligados, esses ecossistemas não eram necessariamente robustos. Mesmo uma pequena colisão no lugar errado poderia desequilibrar toda a comunidade.

Grzimek sabia que isso deveria ser verdade mesmo para um ecossistema tão grande como o Serengueti. Seus voos de pesquisa logo revelaram que era, na realidade, o próprio tamanho das planícies que impedia o colapso desse ecossistema. Sem um espaço imenso, os rebanhos não podiam se mover por grandes distâncias e dar às diferentes áreas de pastagem selvagem a trégua

Bernhard Grzimek e seu filho Michael no Serengueti.

David apoiado em latas de filme, como chefe do Departamento de Viagens e Palestras, da BBC.

necessária entre os ataques. Os pastores triturariam as folhas até as raízes e, no final das contas, causariam sua própria fome. Os predadores poderiam se beneficiar por um breve período, pois suas presas ficariam fracas pela inanição, mas com o tempo eles também morreriam. Sem seu vasto espaço, o ecossistema do Serengueti perderia o equilíbrio e entraria em colapso.

Motivado pelo conhecimento de que a Tanzânia e o Quênia estavam prestes a reivindicar a independência e poderiam muito bem ceder às demandas para transformar as planícies em terras agrícolas, Grzimek, por meio de seus filmes e outras atividades, deu força àqueles aflitos por proteger as planícies e deixar espaço para a natureza. Os Estados africanos, por vontade própria, tomaram medidas visionárias. A Tanzânia proibiu os assentamentos humanos na parte do Serengueti que ficava dentro de suas fronteiras — uma decisão que causou muita controvérsia. No Quênia, novas reservas foram criadas na área ao redor do rio Mara para preservar toda a rota da migração do Serengueti.

A questão havia sido apresentada. A natureza está longe de ser ilimitada. O selvagem é finito. Precisa de proteção. E, alguns anos depois, essa ideia tornou-se óbvia para todos.

1968

População mundial: 3,5 bilhões
Carbono na atmosfera: 323 partes por milhão
Natureza remanescente: 59%

Durante as expedições de *Zoo Quest*, passei um tempo com pessoas em partes distantes do mundo que levavam vidas muito diferentes da minha e comecei a aprender mais sobre elas e a forma como compreendiam a existência. Achei que seria valioso apresentar suas vidas e perspectivas para o público doméstico, então a ênfase de minhas filmagens no exterior começou a mudar, e passei a fazer filmes mostrando a vida e os costumes das pessoas longe da Europa — no Sudeste Asiático, nas ilhas do Pacífico Ocidental e na Austrália. Fiquei tão envolvido com essas pessoas, que decidi que deveria saber algo mais sobre suas crenças e a maneira como organizavam suas vidas. A BBC permitiu que eu pedisse demissão de um emprego de tempo integral como produtor e, nos anos seguintes, passasse seis meses criando doze programas, e depois um período semelhante estudando antropologia na London School of Economics. Parecia um acordo maravilhoso — mas não durou muito.

Na década de 1960, a BBC ficou incumbida de introduzir a televisão em cores na Grã-Bretanha, que até então era em preto e branco. Isso seria feito por uma nova rede chamada BBC2. Seus programas também explorariam novos estilos e assuntos. Como seriam exatamente, ainda não havia sido definido; seria responsabilidade de seu administrador. Para qualquer pessoa interessada em radiodifusão, era um emprego irresistível. Dessa forma, quando me ofereceram, disse que sim e, em 1965, abandonei meus estudos antropológicos e voltei para o quadro de funcionários da BBC — e para uma mesa executiva.

Foi assim que em 1968, quatro dias antes do Natal, eu estava no fundo da sala de controle internacional do Centro de Televisão da BBC assistindo às imagens enviadas à Terra pela missão Apollo 8. Todos sabíamos que a Apollo 8 seria especial. Pela primeira vez, uma tripulação deixaria a órbita da Terra, viajaria até a Lua, daria a volta em torno dela tirando fotos de seu outro lado, nunca antes vislumbrado pela humanidade, e retornaria à Terra. Seria um ensaio para a tentativa de pousar na Lua que o presidente Kennedy determinou que ocorreria antes do final da década.

Embora o foco da missão certamente estivesse na Lua, foram as fotos da Terra que inesperadamente captaram a atenção da tripulação e a nossa. Frank Borman, Jim Lovell e Bill Anders foram as primeiras pessoas a se moverem a uma distância suficiente da Terra para poder ver todo o planeta a olho nu, e isso causou uma profunda impressão. Após três horas e meia de voo, Jim Lovell disse o que pensava à NASA:[8] "Bem, posso ver a Terra inteira agora pela janela central". Eles ficaram estonteados. "Linda" era a palavra que os três repetiam. Anders correu para pegar a câmera fotográfica da missão e se tornou a primeira pessoa a tirar uma fotografia de toda a Terra. É uma foto espetacular, o planeta de cabeça para baixo, quase preenchendo o quadro com a América do Sul iluminada pelo sol de verão de dezembro. No entanto, essa fotografia, como todas as tiradas na missão, só foi revelada quando eles voltaram para a Terra. O que esperávamos nos estúdios de televisão em todo o mundo era uma imagem eletrônica.

À medida que se aproximava a hora da primeira transmissão programada da nave, um número recorde de pessoas estava sintonizado assistindo a um mesmo programa de televisão. Recebemos, incrivelmente, uma boa imagem do interior da cápsula. Depois de algumas gentilezas, Frank Borman explicou que Anders, que operava a câmera de vídeo, estava esperando que a espaçonave chegasse a uma posição em que pudesse apontar a lente através da janela para a Terra.

"Agora estamos chegando ao ponto de vista que realmente queremos que vocês vejam", disse ele a todos nós.

Mas naquele momento a imagem desapareceu. O Controle da Missão em Houston se esforçou para dizer à tripulação que o filme estava falhando. Todos esperamos, sem poder fazer nada. Depois de alguns minutos aguardando ao vivo no ar, fomos informados de que o problema era a teleobjetiva. Anders mudou para a lente grande angular, mas ainda não havia imagem. "Você não está com a tampa da lente, está?", perguntou Houston. "Não", respondeu Borman secamente. "Verificamos isso, na verdade."

Então, as primeiras imagens apareceram de repente em todas as nossas telas. Um disco era visível na moldura, mas a lente grande angular o tornava bem pequeno. O maior problema, porém, era a exposição. A Terra estava muito brilhante, inundada com a luz do Sol. "Está surgindo como uma bolha realmente brilhante na tela", relatou Houston. "É difícil dizer o que estamos vendo."

"Essa é a Terra", disse Borman, quase se desculpando.

Incapaz de melhorar a imagem, a tripulação fez um tour pelo interior da espaçonave. Assistimos aos astronautas almoçando em gravidade zero. Jim Lovell desejou feliz aniversário à mãe. E a transmissão foi encerrada. "Espero que consigamos consertar aquela outra lente", disse Borman.

Tivemos que esperar um dia inteiro pela próxima transmissão para testemunhar outra tentativa. Em 23 de dezembro, a audiência global havia crescido para cerca de 1 bilhão de pessoas — de longe a maior da história. Borman começou com um anúncio orgulhoso: "Olá, Houston, aqui é a Apollo 8. Agora temos a câmera de televisão apontada diretamente para a Terra". A tripulação não tinha visor, então, na verdade, não podia saber exatamente o que estava no quadro.

"Estamos dando uma boa olhada no canto dela", disse Houston, mas então a Terra girou rapidamente e desapareceu. A teleobjetiva estava funcionando pelo menos, mas seguiram-se minutos agonizantes de "um pouco para a esquerda, um pouco para a direita", enquanto a tripulação, trabalhando às cegas, tentava apontar a lente para a Terra com a nave balançando suavemente a uma distância de 290 mil quilômetros.

No entanto, embora a Terra estivesse escorregando e deslizando pela tela da televisão, o fato é que um quarto da humanidade estava assistindo. Ninguém ousava piscar. *Essa* era a Terra que sustentava toda a humanidade — tirando os três homens na espaçonave que estavam filmando.

Com aquela imagem, no Natal de 1968, a televisão permitiu à humanidade compreender algo que ninguém antes tinha sido capaz de visualizar de forma tão vívida, talvez a verdade mais importante de nossos tempos — que nosso planeta é pequeno, isolado e vulnerável. É o único lugar que temos, o único lugar onde a *vida* existe, até onde sabemos. É excepcionalmente precioso.

As imagens da Apollo 8 transformaram a mentalidade da população mundial. Como o próprio Anders disse: "Viemos até aqui para explorar a Lua, e o mais importante é que descobrimos a Terra". Todos nós tínhamos percebido simultaneamente que nossa casa não era infindável — havia um limite em nossa existência.

©BBC

David encontra membros de tribos na Nova Guiné, *Zoo Quest*.

1971

População mundial: 3,7 bilhões
Carbono na atmosfera: 326 partes por milhão
Natureza remanescente: 58%

QUANDO ACEITEI O EMPREGO ADMINISTRATIVO NA BBC em 1965, pedi que me permitissem, a cada dois ou três anos, deixar minha mesa por algumas semanas e fazer um programa. Desse modo, afirmei, seria capaz de me manter atualizado com a tecnologia de criação de programas em constante mudança. E, em 1971, pensei em um assunto possível.

Até o início do século XX, os viajantes europeus, aventurando-se além de seu continente em cantos distantes e inexplorados da Terra, tinham de viajar a pé. Se a região à frente fosse totalmente desconhecida, eles recrutavam carregadores para transportar toda a comida, as tendas e outros equipamentos que seriam necessários para serem autossuficientes longe da civilização. Mas, no século XX, o desenvolvimento do motor de combustão interna acabou com isso. Os exploradores agora usavam Land Rovers e jipes, aeronaves leves e até helicópteros. Eu conhecia apenas um lugar onde grandes descobertas ainda estavam sendo feitas por exploradores que viajavam inteiramente a pé: a Nova Guiné.

O interior dessa ilha de 1.600 quilômetros ao norte da Austrália está cheio de cadeias de montanhas íngremes cobertas por floresta tropical. Mesmo na década de 1970, ainda havia partes em que nenhum forasteiro havia entrado, e caminhar com uma longa fila de carregadores ainda era a única maneira de alguém fazer isso. Essa expedição certamente daria um filme fascinante.

Na época, a metade oriental da Nova Guiné era administrada pela Austrália. Entrei em contato com amigos na televisão australiana. Eles descobriram que uma mineradora havia pedido permissão para entrar em uma dessas áreas desconhecidas para fazer prospecção de minerais. A política do governo, no entanto, estipulava que ninguém tinha permissão para fazer isso antes de ficar provado se havia ou não pessoas morando lá. Fotografias aéreas não revelaram nenhuma cabana ou outras construções, mas havia uma ou duas pequenas marcas no tapete da floresta que poderiam indicar clareiras feitas pelo homem. Nenhuma era grande o suficiente para permitir a aterrissagem de um helicóptero. A única maneira de descobrir o que eram seria enviando uma patrulha a pé. E eu, junto com uma equipe de câmeras, poderia acompanhá-los — se realmente quisesse.

Meu plano era simples. O assentamento europeu mais próximo da área em questão era uma pequena estação governamental chamada Ambunti, no Sepik, o grande rio que corre mais ou menos para o leste, paralelo à costa norte da ilha antes de desaguar no Pacífico. O oficial do governo que lideraria a expedição, Laurie Bragge, estava baseado lá e recrutaria alguns carregadores. Fretaríamos um hidroavião, que pousaria no rio ao lado de sua estação, e nos juntaríamos a ele.

Acabou sendo a jornada mais exaustiva que já fiz. Laurie conseguira reunir uma centena de carregadores, mas nem isso era suficiente para transportar toda a comida de que precisaríamos. Teríamos que receber mais suprimentos pelo ar depois de cerca de três semanas. Também tivemos de viajar pela parte mais difícil do país. Todas as manhãs, logo após o sol nascer, começávamos a andar, abrindo caminho através da floresta mais densa que já encontrei, arrastando-nos por encostas lamacentas íngremes até a crista de um cume e, em seguida, escorregando pela vegetação rasteira encharcada do outro lado, para atravessar um pequeno rio sinuoso e, então, fazer a mesma coisa, muitas vezes. Todas as tardes, às quatro horas, parávamos, acampávamos e colocávamos lonas para nos proteger das fortes chuvas que começavam pontualmente às cinco.

Depois de três semanas e meia disso, um dos carregadores notou pegadas humanas na floresta na margem do trecho que havíamos limpado. Alguém estivera perto de nosso acampamento na noite anterior, observando-nos. Seguimos os rastros. Todas as noites, tendo armado nossas barracas, colocávamos presentes — punhados de sal, facas e pacotes de contas de vidro. Um dos carregadores sentava-se no toco de uma árvore e gritava a cada poucos minutos, dizendo que éramos amigos e que estávamos levando presentes. Mas era improvável que as pessoas que estávamos seguindo, quem quer que fossem, entendessem, pois há mais de mil línguas mutuamente incompreensíveis faladas na Nova Guiné. Mesmo pequenos grupos tinham sua própria língua distinta. Noite após noite, nós chamávamos. Todas as manhãs, os presentes estavam onde os havíamos deixado.

Depois de mais três semanas de caminhada, nossos suprimentos estavam acabando. Montamos acampamento e, nos dois dias seguintes, os carregadores cortaram laboriosamente árvores enormes para criar uma clareira na qual um helicóptero pudesse despejar suprimentos frescos. A entrega foi bem-sucedida e precisa, e partimos, os carregadores mais uma vez com cargas pesadas e reconfortantes — mas sem reclamar, pois antes tínhamos poucas provisões. Quatro semanas depois de começarmos, estávamos nos aproximando de uma região que já havia sido mapeada. Parecia que a expedição e nosso filme não teriam uma conclusão satisfatória.

E então, certa manhã, acordei sob minha lona e vi do lado de fora um grupo de homenzinhos, parados a alguns metros de mim. Nenhum deles tinha mais do que cerca de um metro e meio de altura. Estavam nus, exceto por um largo cinturão de casca de árvore no qual haviam enfiado um punhado de folhas na frente e nas costas. Vários tinham o que descobri mais tarde serem dentes de morcego enfiados em buracos que haviam feito nas laterais do nariz. Hugh, o cinegrafista, que sempre dormia com a câmera ao alcance do braço totalmente carregada e pronta para filmar, já estava gravando. Os homens nos fitaram com os olhos arregalados, como se nunca tivessem visto algo igual antes. Sem dúvida fiz o mesmo. Também nunca tinha visto ninguém como eles.

Para minha surpresa, descobri que não era difícil me comunicar. Tentei, por meio de gestos, indicar que estávamos sem comida. Eles apontaram para a boca, acenaram com a cabeça e abriram os sacos de barbante para nos mostrar raízes, provavelmente inhame, que estavam colhendo. Apontei para os punhados de sal que havíamos trazido conosco. São usados como moeda em toda a Nova Guiné. Eles acenaram com a cabeça. Começamos a negociar. Laurie perguntou, então, os nomes dos rios mais próximos. Isso foi mais difícil de explicar, mas eles finalmente entenderam o que ele queria e começaram a listá-los. Quantos eles conheciam? Eles contaram, tocando primeiro seus dedos, um por um, batendo em pontos do antebraço, do cotovelo, continuando pelo braço e terminando na lateral do pescoço.

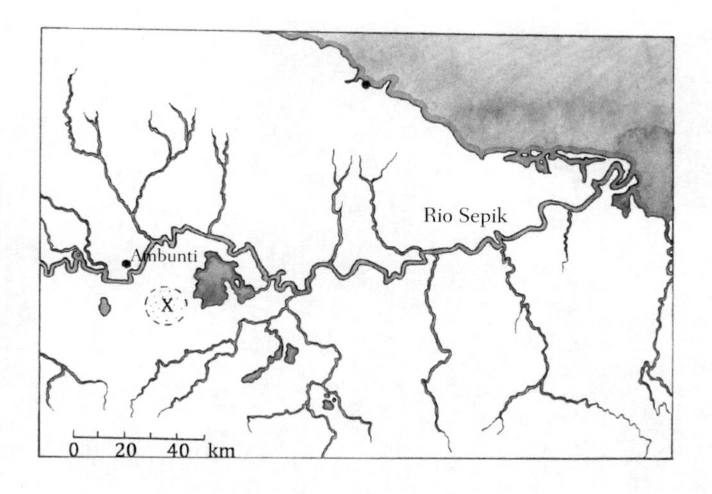

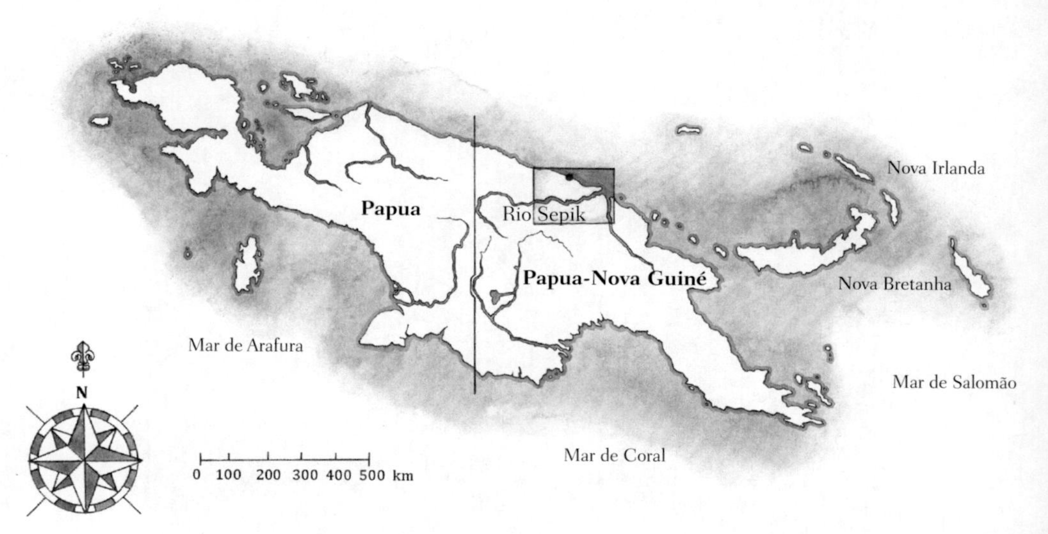

Um mapa da Papua-Nova Guiné, com foco na região do rio Sepik, em Ambunti.

Mãe e filhote de preguiça-de-três-dedos pendurados em uma árvore ao lado do lago Gatun, Panamá.

Na verdade, Laurie não estava particularmente interessado nos nomes reais dos rios, ou em quantos eram. Queria saber quais gestos eles usavam para indicar o número. Conhecia os gestos de contagem usados por outros grupos na área, e os utilizados por aqueles pequeninos permitiriam apontar quais contatos comerciais poderiam ter.

Depois de dez minutos ou mais, os homens começaram a balançar os braços e revirar os olhos, indicando que estavam indo embora. Acenamos de volta em resposta, tentando convidá-los a voltar pela manhã com mais comida. E eles se foram.

Na manhã seguinte, reapareceram com mais raízes, como esperávamos que fizessem. Perguntamos se poderíamos ver onde eles estavam acampados e talvez conhecer suas mulheres e filhos. Depois de alguma confusão — ou talvez tenha sido relutância —, eles acenaram com a cabeça e nos conduziram para a floresta. Seguimos alguns metros atrás deles. Foi difícil ir. A vegetação era muito densa. Nós os perdemos de vista quando contornamos o tronco de uma árvore gigantesca; do outro lado, não havia sinal deles. Haviam desaparecido. Chamamos. Mas não houve resposta. Havíamos caído em uma emboscada? Não tínhamos ideia. Depois de chamar por vários minutos, viramos e caminhamos de volta para o acampamento.

Tive uma visão de como todos os seres humanos viveram uma vez — em pequenos grupos que encontravam tudo de que precisavam no mundo natural ao redor. Os recursos necessários eram autorrenováveis. Eles produziam pouco ou nenhum desperdício. Viviam de forma sustentável, em equilíbrio com seu meio ambiente, de uma forma que poderia continuar, efetivamente, para sempre.

Poucos dias depois, eu estava de volta ao século XX e atrás de minha mesa no Centro de Televisão.

1978

População mundial: 4,3 bilhões
Carbono na atmosfera: 335 partes por milhão
Natureza remanescente: 55%

A BBC2 FOI PIONEIRA EM UM FORMATO bastante ambicioso — uma série de treze programas de cinquenta minutos ou uma hora que examinavam metodicamente um assunto grande e importante. O primeiro deles foi criado para demonstrar a alta qualidade do novo sistema de cores que a BBC havia adotado, mostrando as mais belas e famosas pinturas, esculturas e edifícios produzidos na Europa nos últimos mil anos. Foi escrito pelo historiador da arte Sir Kenneth Clark e levou três anos para ser feito. Dois milhões e meio de telespectadores assistiram na Grã-Bretanha. O dobro desse número, nos Estados Unidos. Recebeu ótimas críticas. Foi um sucesso tão grande, que encomendei imediatamente uma sequência. Esta examinaria a história da ciência ocidental e, por sua vez, seria seguida por uma série para marcar o bicentenário da fundação dos Estados Unidos — e haveria ainda outras. Mas ficou muito claro para mim que o formato também deveria ser usado para contar a maior de todas as histórias — a história da própria vida. Seria a série mais esclarecedora que alguém poderia desejar fazer. E eu queria muito fazê-la. Mas não poderia ser junto com qualquer outro trabalho. Eu já estava trabalhando, no entanto, como administrador há oito anos e achei que era o bastante. Então decidi deixar a BBC mais uma vez e sugerir a ideia para quem fosse meu sucessor.

No devido tempo, isso aconteceu. A série foi aceita. Eu a chamei de *A vida na Terra*. Demorei algum tempo para montar uma equipe de produção. Escrevi os roteiros para os treze episódios mais ou menos de uma vez. Equipes de câmeras foram recrutadas e organizadas para filmar pelo menos seiscentas espécies diferentes de animais em no mínimo trinta países. Eu aparecia ocasionalmente para definir o cenário, explicar pontos teóricos complicados, introduzir novos tópicos ou sair do enquadramento em um continente e explicar no seguinte que tínhamos chegado a outro para continuar

David nas cataratas de Kaieteur, Guiana, *A vida na Terra*.

a história. Eu teria que viajar com uma equipe para vários locais diferentes. Seria necessário cobrir 2,5 milhões de quilômetros para capturar a história — duas longas viagens ao redor do globo — e o trabalho contínuo de seis equipes de câmeras diferentes, cada uma viajando por meses a fio. Também precisaríamos de algumas sequências tão difíceis de obter que seriam capturadas por operadores de câmera com conhecimento e habilidades especiais para filmar determinados tipos de assuntos — plâncton oceânico, aranhas, beija-flores, peixes, corais, morcegos e muitos outros. Contar a história da vida foi o maior projeto que já assumi e que tomaria os três anos seguintes da minha existência. Era uma perspectiva empolgante.

Uma das sequências principais planejadas para o programa descrevia a evolução dos macacos com o desenvolvimento do polegar opositor. Essa é a característica anatômica que permite a um macaco agarrar um galho — ou a um ser humano empunhar uma ferramenta e, por fim, segurar uma caneta —, uma habilidade que desempenhou um papel crucial no crescimento de nossa própria espécie e nossas civilizações. Poderíamos ter escolhido qualquer espécie de macaco para ilustrar a questão, mas John Sparks, o diretor do episódio, decidiu que seria mais dramático filmar gorilas. Ele descobriu que uma extraordinária bióloga norte-americana, Dian Fossey, vivia com um grupo de raros gorilas das montanhas em Ruanda, na África Central, e os acostumara tanto à presença de seres humanos que até mesmo estranhos — desde que Dian os acompanhasse — poderiam chegar bem perto deles. Ele a contatou. Os animais com os quais ela trabalhava estavam seriamente ameaçados. A população humana de Ruanda estava crescendo com extrema rapidez, e a floresta na montanha em que viviam os gorilas estava sendo derrubada pela população local para dar lugar a campos de cultivo. Restavam menos de trezentos gorilas da montanha. A aparição deles na televisão poderia chamar a atenção do mundo para essa situação. Com isso em mente, ela concordou em nos ajudar, e, em janeiro de 1978, partimos para Ruanda.

Aterrissamos em Ruengueri, uma pequena pista de pouso o mais próximo possível do acampamento de Dian. De lá, teríamos de caminhar várias horas subindo o flanco do vulcão para chegar à floresta de alta altitude onde morava Dian. Fomos recebidos por Ian Redmond, um jovem cientista que estava trabalhando com a bióloga. Ele tinha péssimas notícias. Um jovem gorila macho que Dian conhecia desde o nascimento e do qual gostava muito tinha sido encontrado morto e horrivelmente mutilado. Caçadores furtivos atiraram nele. Eles haviam cortado sua cabeça e suas mãos para vender aos comerciantes, que iriam transformá-las em suvenires. Dian estava muito abalada. Ela também estava gravemente doente com uma infecção pulmonar, por isso não pôde deixar o acampamento. Mesmo assim, faria o possível para nos ajudar.

A escalada para seu acampamento foi longa e árdua. Quando finalmente chegamos, nós a encontramos na cama em sua cabana, tossindo sangue. Estava obviamente muito debilitada, mas insistiu que estaria bem o suficiente para nos levar até seus gorilas.

No dia seguinte, ela ainda estava muito frágil, então foi Ian quem nos levou para a floresta. Eu nunca havia estado em uma região assim. Árvores raquíticas e nodosas, envoltas em névoa, erguiam-se acima de moitas de aipo e urtigas gigantes que chegavam até nossos ombros. Assim que encontramos as pegadas dos gorilas, foi fácil segui-los através da vegetação rasteira. Depois de mais ou menos uma hora, podíamos ouvir estrondos à nossa frente e sabíamos que estávamos perto. À medida que avançávamos com cautela, Ian começou a fazer uma série de grunhidos altos para sinalizar nossa presença. Era importante não pegá-los de surpresa. Se fizéssemos isso, o macho dominante poderia nos atacar. Chegamos a uma clareira, e Ian pediu que parássemos. Deveríamos, agora, nos sentar para que os gorilas pudessem nos ver. Se notassem que estávamos com Ian, dificilmente se assustariam.

Depois de um breve descanso, partimos novamente e logo alcançamos um grupo de gorilas. Estavam se alimentando, arrancando a vegetação com as mãos. Nós nos sentamos e assistimos fascinados até que, depois de alguns minutos, eles se levantaram e se afastaram vagarosamente. Tínhamos sido aceitos, disse Ian. Da próxima vez, poderíamos filmar.

No dia seguinte, com Ian como nosso guia, filmamos os gorilas procurando comida a uma distância respeitosa. Eles praticamente não nos notaram. Por fim, John sugeriu que eu dissesse algo diretamente para a câmera, explicando como era estar sentado próximo a eles. Lentamente, nós chegamos mais perto de um grupo que estava ocupado se alimentando, e eu me aproximei deles cuidadosamente até que achei que estariam visíveis ao fundo. Olhei para a câmera.

"Há mais significado e compreensão mútua na troca de olhares com um gorila", disse calmamente, "do que com qualquer outro animal que eu conheço. A visão, a audição e o olfato deles são tão semelhantes aos nossos, que eles veem o mundo da mesma maneira que nós. Vivemos nos mesmos tipos de grupos sociais com relações familiares amplamente permanentes. Eles andam no chão como nós, embora sejam imensamente mais poderosos. Desse modo, se alguma vez houvesse a possibilidade de escapar da condição humana e de viver de forma imaginativa no mundo de outra criatura, seria com o gorila. O macho é uma criatura muito vigorosa, mas só usa sua força quando está protegendo sua família, e é muito raro que haja violência dentro do grupo. Então, parece realmente muito injusto que o homem tenha escolhido o gorila para simbolizar tudo o que é agressivo e violento, quando isso é a única coisa que o gorila não é... e que nós somos."

Queria que as pessoas soubessem que esses animais não eram as bestas selvagens e brutais da lenda. Eram nossos primos, e deveríamos cuidar deles. A terrível verdade era que o processo de extinção que eu vira quando era menino nas rochas estava acontecendo bem ali ao meu redor, com animais com os quais eu estava familiarizado — nossos parentes mais próximos. E éramos os responsáveis.

Quando os encontramos no dia seguinte, não estavam longe de onde os havíamos deixado. Haviam se acomodado em uma encosta do outro lado de um pequeno riacho. Martin Saunders montou sua câmera, Dicky Bird, o operador de som, fixou um pequeno microfone em minha camisa. Chegara a hora, disse John, de falar algo sobre o significado evolucionário do polegar opositor.

Desci uma encosta até um pequeno riacho, cruzei-o e subi a encosta oposta até um ponto onde pensei que Martin e sua câmera seriam capazes de ver a mim e a eles. John fez sinal de positivo. Mas, antes que eu pudesse dizer qualquer coisa, algo pousou na minha cabeça. Virei-me e descobri que uma enorme gorila fêmea havia saído da vegetação bem atrás de mim e colocado a mão na minha cabeça. Ela olhou diretamente para mim com seus olhos castanhos profundos. Em seguida, tirou a mão da minha cabeça

David encontra gorilas-da-montanha ruandeses, *A vida na Terra*.

e puxou meu lábio inferior para olhar dentro da minha boca. Esse não era, pensei, o momento de falar sobre o significado evolucionário do polegar opositor. Algo, então, pousou em minhas pernas. Dois bebês gorilas estavam sentados perto dos meus pés brincando com meus cadarços.

Não tenho ideia por quanto tempo, em termos de minutos e segundos, essa interação continuou. Certamente foram vários minutos. Eu estava delirando de felicidade. Então, os jovens se cansaram de meus cadarços e foram embora. A mãe os observou e se levantou para ir atrás deles.

Virei-me devagar para a equipe de filmagem, dominado por uma sensação de privilégio extraordinário.

Tínhamos de partir na manhã seguinte. Quando nos despedimos de Dian, ela me fez prometer que tentaria arrecadar dinheiro para ajudar a proteger as criaturas maravilhosas que tanto amava. E foi o que fiz um dia depois de voltarmos para Londres.

Havíamos filmado o maior primata do mundo. Pensei, então, que *A vida na Terra* também deveria incluir imagens da maior criatura que já existiu — uma baleia.

As grandes baleias foram caçadas por milênios por bravos homens em canoas usando nada além de um arpão de mão. Para começar, o equilíbrio de poder estava com as baleias. Elas não apenas eram maiores que seus caçadores humanos, mas também eram capazes de mergulhar em segundos e escapar para as profundezas do oceano. No século XX, entretanto, esse equilíbrio oscilou dramaticamente para o outro lado. Inventamos maneiras de rastrear as baleias e apunhalá-las com arpões que tinham cabeças explosivas. Construíram-se fábricas, algumas flutuantes, outras em terra, capazes de processar várias carcaças gigantes em um dia. A caça às baleias tornou-se uma atividade industrializada. Na época em que nasci, 50 mil baleias eram mortas todos os anos para abastecer um mercado consagrado com seu óleo, sua carne e seus ossos.

As primeiras baleias evoluíram de criaturas que viviam em terra firme. O tamanho dos animais terrestres é limitado pela resistência mecânica do osso:

acima de um certo peso, o osso se quebra. Animais aquáticos, no entanto, são sustentados pela água, de modo que as baleias podem crescer muito mais do que qualquer animal terrestre. E é o que fazem. Suas narinas migraram para o topo de suas cabeças, seus membros anteriores e caudas tornaram-se remos, e seus membros posteriores desapareceram. Por dezenas de milhões de anos, foram membros importantes dos complexos ecossistemas do oceano aberto, com centenas de milhares cruzando os mares.

Um problema-chave que restringe a vida no oceano aberto é a disponibilidade de nutrientes. Onde as condições são adequadas, as plantas e os animais vivem nas águas superficiais e, quando morrem, afundam continuamente como "neve marinha". Onde os nutrientes não estão livremente disponíveis, as águas superficiais dos oceanos podem ser quase estéreis. Assim como as plantas terrestres precisam de fertilizantes, bem como de sol e água, o fitoplâncton, a base fotossintetizante da cadeia alimentar dos oceanos, precisa de compostos nitrogenados nas águas superficiais iluminadas pelo Sol para crescer. Existem lugares no oceano onde a neve marinha decomposta é agitada e carregada para cima pelas correntes que fluem sobre montanhas e cristas submarinas, e ali o fitoplâncton — e, portanto, as populações de peixes — pode florescer. Mas o resto do oceano aberto permaneceria um vasto deserto azul se não fosse pelas baleias. Elas são tão grandes que, quando mergulham para se alimentar nas profundezas ou sobem à superfície para respirar, criam uma considerável agitação da água ao seu redor — isso ajuda a manter os nutrientes próximos à superfície — e, quando defecam, as águas à sua volta também são muito enriquecidas. Essa "bomba de baleia", como costuma ser chamada, é hoje reconhecida como um processo significativo na manutenção da fertilidade do oceano aberto. Na verdade, acredita-se agora que as baleias são responsáveis por levar nutrientes mais importantes para as águas superficiais em algumas partes do oceano do que as saídas dos rios locais.[9] O oceano do Holoceno precisava que suas baleias permanecessem produtivas. No século XX, os homens mataram cerca de 3 milhões delas.[10]

As baleias não podem suportar esse nível de caça por muito tempo. Uma vantagem, porém, é que elas são muito longevas. As cachalotes podem viver até setenta anos. As fêmeas só se tornam sexualmente maduras aos nove anos. A gravidez dura mais de um ano, e dão à luz apenas uma vez no espaço de três a cinco anos. À medida que os baleeiros industriais se tornavam mais eficientes, eles selecionavam os maiores animais que podiam, pois eram os mais lucrativos. As baleias eram incapazes de ter filhotes rápido o suficiente para substituir aquelas que morriam.

Quando começamos a planejar as filmagens de *A vida na Terra*, ninguém, pelo que pudemos descobrir, jamais havia filmado uma baleia-azul viva no oceano aberto. Nosso objetivo era mudar isso. Mas, na década de 1970, a população de baleias tinha sido reduzida de cerca de 250 mil antes do início da caça industrial para pouco mais de alguns milhares. Distribuídas amplamente por grandes extensões do oceano aberto e ainda sendo perseguidas por baleeiros, era praticamente impossível encontrá-las.

Em vez disso, fomos em busca de jubartes no Havaí. Tínhamos uma ferramenta adicional em nosso kit para nos ajudar a encontrá-las — um hidrofone. No final dos anos 1960, o biólogo americano Roger Payne tinha deixado de registrar os sons ultrassônicos de morcegos e passado a investigar alegações da Marinha dos Estados Unidos de que havia canções no oceano. A Marinha havia montado estações de escuta de submarinos soviéticos e, além do som característico das hélices, estava detectando estranhas serenatas quase musicais. Payne descobriu que a principal fonte dessas canções eram as cerca de 5 mil baleias jubarte que ainda estavam vivas na época. Suas gravações revelaram que as canções das jubartes são longas e complexas e de tão baixa frequência que podem viajar por centenas de quilômetros através da água. As jubartes que vivem na mesma parte do oceano aprendem suas canções umas com as outras. Cada canção tem seu próprio tema distinto, sobre o qual cada macho individual criará suas próprias variações. Elas mudam com o tempo. As baleias, pode-se dizer, têm uma cultura musical.

Payne lançou suas gravações em discos de vinil na década de 1970, que se tornaram muito populares, transformando a percepção do público sobre as baleias. Criaturas que eram vistas como pouco mais do que uma fonte de óleo animal agora tinham se tornado personalidades. Suas canções tristes foram interpretadas como gritos de socorro. Na atmosfera política bastante carregada da década de 1970, uma consciência poderosa e compartilhada começou a se agitar de repente. Uma campanha contra a caça às baleias se iniciou com alguns apoiadores apaixonados e rapidamente se tornou uma atividade popular. Os seres humanos perseguiram animais até a extinção muitas vezes em nossa história, mas agora essa perseguição era visível nas trêmulas imagens de vídeo apresentadas por corajosos ativistas contra a caça às baleias e isso já não era mais aceitável. A superfície do oceano manchada de sangue e a carnificina nas fábricas não poderiam ser ocultadas, e a matança de baleias passou de uma atividade comum a um crime.

Ninguém queria que os animais fossem extintos. As pessoas estavam começando a se importar com o mundo natural à medida que se tornavam mais conscientes dele. E a televisão era uma forma de ajudá-las a fazer isso, no mundo todo.

Após três anos de trabalho, a série *A vida na Terra* foi transmitida em 1979. Foi vendida para uma centena de territórios no mundo todo e assistida por cerca de meio bilhão de pessoas. Ela começava com uma introdução que chamei de "A infinita variedade" — um amplo levantamento da diversidade animal e vegetal para estabelecer, logo no início da série, que a variedade é realmente essencial para a vida. Depois de mais onze capítulos expressando as reviravoltas na jornada que geraram tanta variedade, o décimo terceiro e último episódio concentrou-se em apenas uma espécie — a nossa.

Não queria sugerir que a humanidade estivesse de alguma forma separada do restante do reino animal. Não temos um lugar especial. Não somos o pináculo predeterminado e final da evolução. Somos apenas mais uma espécie na árvore da vida. No entanto, libertamo-nos de muitas das restrições que afetam todas as outras espécies. Então, no último episódio da série, eu estava na Praça de São Pedro, em Roma, cercado por uma grande multidão de *Homo sapiens* do mundo todo, e tentei explicar:

"Você e eu pertencemos à espécie animal mais difundida e dominante na Terra. Vivemos nas calotas polares e nas selvas tropicais do Equador. Escalamos a montanha mais alta e mergulhamos no fundo dos mares. Até deixamos a Terra e pisamos na Lua. Somos, com certeza, o animal de grande porte mais numeroso. Hoje existem cerca de 4 bilhões de nós. E alcançamos essa posição com velocidade meteórica. Tudo aconteceu nos últimos 2 mil anos, mais ou menos. Parece que nos libertamos das restrições que regem as atividades e o número dos outros animais".

Eu estava com cinquenta e poucos anos e havia duas vezes mais pessoas no planeta do que quando nasci. Os humanos se separaram cada vez mais do resto da vida na Terra, vivendo de uma maneira diferente e única. Tínhamos eliminado quase todos os nossos predadores. A maioria das nossas doenças estava sob controle. Havíamos desenvolvido formas de produzir alimentos para viver confortavelmente. Ao contrário de todas as outras espécies na história da vida na Terra, estávamos livres das pressões da seleção natural evolutiva. Nossos corpos não mudaram significativamente em 200 mil anos, mas nosso comportamento e nossas sociedades tornaram-se cada vez mais distantes do ambiente natural que nos rodeia. Não havia nada que pudesse nos restringir. Nada que nos impedisse. A menos que nós mesmos fizéssemos isso, continuaríamos a consumir os recursos físicos da Terra até esgotá-los.

Os esforços corajosos de Dian Fossey, os sucessos da campanha contra a caça às baleias, o resgate do ganso havaiano por Peter Scott, a reintrodução do órix-da-arábia na selva, a criação de reservas de tigres na Índia — todo o trabalho feito por um exército de conservacionistas cada vez maior, angariando fundos apaixonadamente e pressionando os governos por políticas para proteger espécies preciosas, não seria suficiente. E, como o *Homo sapiens* sempre quer mais, a próxima fase era inevitável. Hábitats inteiros logo começariam a desaparecer.

1989

População mundial: 5,1 bilhões
Carbono na atmosfera: 353 partes por milhão
Natureza remanescente: 49%

Vi meu primeiro orangotango em 24 de julho de 1956, na terceira das minhas viagens para o programa *Zoo Quest*. Foi um encontro memorável, meu primeiro grande macaco selvagem — um macho gigante, uma figura vermelha peluda balançando-se nos galhos, olhando para mim com interesse e, aparentemente, algum desdém. O filme que fizemos dele estava longe de ser perfeito. Ele estava meio escondido, sua silhueta contra a luz, mas, até onde eu sabia, a televisão nunca havia mostrado a imagem de um orangotango na natureza antes. Os caçadores locais da maloca em que estávamos, a meio caminho do rio Mahakam, no leste de Bornéu, encontraram-no para nós. Quando estávamos indo embora, um deles atirou no animal com sua arma. Eu me virei, indignado. Por que havia feito isso? Macacos assim, respondeu ele, atacavam as plantações que ele cultivava para alimentar sua família. Quem era eu para lhe dizer que não deveria fazer aquilo?

As florestas tropicais são hábitats especialmente preciosos, os lugares de maior biodiversidade do mundo. Mais da metade das espécies terrestres do planeta são encontradas em suas profundezas verdes. Elas crescem em regiões tropicais úmidas, onde há uma abundância desses dois recursos de que quase todas as plantas precisam — água doce e luz do Sol. Perto do Equador, o Sol brilha doze horas por dia com tanta constância que praticamente não há estações do ano. As correntes de ar acumulam água de todos os trópicos e inundam a floresta com até quatro metros de chuva por ano. E a floresta também faz circular sua própria água — a umidade de 1 trilhão de folhas transpirantes que se ergue como neblina todas as manhãs à medida que o Sol a aquece com força total, apenas para cair novamente como chuva.

A extrema adequação desses lugares para as plantas resulta na maior e mais vigorosa competição por espaço que ocorre em qualquer lugar da Terra. Árvores gigantes, que se elevam a quarenta metros, estendem seus enormes

Orangotango fêmea no Parque Nacional de Tanjung Puting,
em Kalimantan Central, Bornéu.

galhos em todas as direções para captar a luz. Juntas, elas criam algo que é muito raro em terra — um hábitat verdadeiramente tridimensional. Abaixo da cobertura da copa das árvores, os galhos servem como estradas para todas as partes da floresta para aqueles que não podem voar. Bem mais abaixo, no solo escuro, um emaranhado de raízes maciças e fios minúsculos dá estabilidade aos enormes troncos. Milhares de outras plantas se sustentam de várias maneiras. Algumas se levantam para reivindicar um lugar ao sol escalando os troncos das árvores. Outras, talvez depositadas como sementes pelos pássaros, estabelecem-se nos galhos maciços. Muitas outras vivem perto do chão, na escuridão relativa, crescendo lentamente com o sustento que pode derivar de um tapete de folhas mortas.

E por toda essa vegetação existem animais. As espécies pequenas superam em muito as grandes. Existem numerosos invertebrados, pequenos mamíferos e pássaros — comedores de sementes, roedores de cascas, beija-flores, pica-paus, coletores de frutas, cortadores de folhas. Suas vidas interdependentes são sempre magníficas para o naturalista que tenta desenredá-las. Podem ser encontradas vespas que passam a maior parte de suas vidas dentro de pequenos figos ou vermes da madeira que se enrolam em flores, girinos que nadam nas copas de plantas aquáticas, lagartos que se disfarçam de forma que ficam completamente invisíveis em um tronco de árvore até se moverem. As florestas tropicais são lugares onde a inovação evolutiva e a experimentação correm soltas.

A ausência de estações nos trópicos confere à floresta uma atemporalidade que incentiva a biodiversidade. Como as plantas não estão vinculadas a um calendário climático, seu florescimento, sua frutificação e a produção de sementes podem ocorrer a qualquer momento. Algumas árvores frutificam de forma mais ou menos contínua. Outras crescem por meses, até anos, com floração e produção de frutos repentinas. Dessa forma, a polinização, o consumo de frutas e a coleta de sementes não são atividades sazonais na floresta tropical como são nas florestas ao norte e ao sul. A comida está disponível durante todo o ano, uma colheita que é explorada por dezenas de espécies diferentes de vários grupos de animais. A maioria das milhões de espécies vivem em pequenos números e têm alcance limitado, sendo que muitas se tornaram altamente especializadas. Uma espécie de inseto pode viver em apenas uma espécie de planta, empoleirada em uma espécie de árvore. O resultado é uma complexidade desconcertante de relacionamentos interconectados — cada espécie formando um componente crítico do todo.

O orangotango que tanto assombra minhas lembranças é um exemplo. A espécie está bastante dispersa nas florestas de Bornéu e Sumatra, mas desempenha um papel crucial na disseminação de sementes de muitos tipos de árvores. As mães orangotango passam dez anos com seus bebês, ensinando-lhes quando e como colher dezenas de frutas diferentes. Por serem animais de grande porte e quase inteiramente vegetarianos, consomem muito alimento a cada dia e precisam viajar continuamente em busca de frutas maduras. Eles cospem as sementes no local ou as carregam no estômago por dias antes de defecá-las, junto com fertilizante, a vários quilômetros de distância. Os dois métodos aumentam as chances de germinação das sementes e, em alguns casos, são essenciais para que isso aconteça.

É a surpreendente variedade de espécies de árvores nas florestas tropicais que sustenta sua grande biodiversidade. É também a característica que estamos removendo. Visitei as florestas do Sudeste Asiático muitas vezes para vários programas ao longo dos anos. Começando na década de 1960, a Malásia, depois a Indonésia, começou a substituir a incrível diversidade de suas árvores da floresta tropical por apenas um tipo — o dendezeiro. Havia 2 milhões de hectares de plantação de dendezeiro na Malásia na época em que a visitei, em 1989, para uma série chamada *Trials of Life*. Lembro-me de viajar ao longo de um rio em busca de macacos-narigudos. Estávamos cercados por uma cortina verde familiar, com pássaros saindo das folhagens a cada minuto. Talvez — permiti-me acreditar — tudo estivesse bem. Mas, ao voar de volta sobre a área, vi a floresta como ela era — uma faixa de cerca de oitocentos metros de largura margeando a água, uma floresta tão estreita e exposta que, sem dúvida, estaria se degradando a cada dia. Além dela, e estendendo-se até onde eu podia ver agora do ar, não havia nada a não ser uma única espécie de árvore — dendezeiros em fileiras organizadas.

O desaparecimento dessa floresta rica e notável foi algo muito difícil de aceitar. Os moradores da região estavam simplesmente fazendo o que nós, na Europa e na América do Norte, já havíamos feito. Imagens de satélite de ambos os continentes mostram que a paisagem agora consiste em pequenas

Plantação de dendezeiros, Malásia.

Doug Allan filma um grupo de baleias-brancas para *Planeta azul*.

ilhas de floresta verde-escura, separadas por vastas extensões de campos cultivados. A verdade é que sempre houve um incentivo duplo para derrubar florestas. As pessoas se beneficiam da madeira e, em seguida, beneficiam-se novamente com o cultivo da terra que foi exposta. Não é de admirar que o *Homo sapiens* seja um destruidor de florestas tão determinado e eficiente. Estima-se que agora tenhamos 3 trilhões de árvores a menos no mundo do que no início da civilização humana.[11] O que está acontecendo hoje é apenas o capítulo mais recente de um processo de desmatamento global que vem ocorrendo há milênios.

Agora é a vez das florestas tropicais. E como tudo na segunda metade do século XX — a segunda metade da minha vida —, estamos trabalhando em uma escala e a uma velocidade que aumentam a cada ano. Metade das florestas tropicais do mundo já desapareceu. A população de orangotangos de Bornéu não pode viver sem a floresta e foi reduzida em dois terços desde que a vi pela primeira vez, há pouco mais de sessenta anos.[12] Os orangotangos ainda são fáceis de encontrar e filmar, não porque sejam abundantes, mas porque muitos deles agora vivem em santuários e centros de reabilitação, cuidados por conservacionistas alarmados com o ritmo da diminuição populacional.

Não podemos continuar a derrubar as florestas tropicais para sempre, e qualquer coisa que não possamos fazer para sempre é, por definição, insustentável. Se fizermos coisas que são insustentáveis, o dano se acumulará a um ponto em que, no final, todo o sistema entrará em colapso. Nenhum hábitat, por maior que seja, é seguro.

1997

População mundial: 5,9 bilhões
Carbono na atmosfera: 360 partes por milhão
Natureza remanescente: 46%

O MAIOR HÁBITAT DE TODOS É O OCEANO. Cobre mais de 70% da superfície da Terra, mas, devido às suas grandes profundidades, é responsável por 97% do espaço habitável do nosso planeta. É quase certo que a vida na Terra tenha começado ali, provavelmente com micróbios vivendo ao redor de jatos de água quente que saem de aberturas no fundo do oceano, vários quilômetros abaixo da superfície. Por 3 bilhões de anos, a seleção natural trabalhou nessas células únicas, simples e isoladas, refinando seu funcionamento interno. Demorou 1,5 bilhão de anos para que as células atingissem uma complexidade estrutural comparável às das células das quais somos feitos, e mais 1,5 bilhão antes que essas células se agrupassem e funcionassem de forma coordenada, como em um organismo multicelular.[13]

Os primeiros micróbios marinhos tinham metabolismos que liberavam metano como subproduto. Ele borbulhava para a superfície e lentamente foi mudando a atmosfera da Terra, que era um lugar muito mais frio na época. O metano é um gás do efeito estufa 25 vezes mais potente do que o dióxido de carbono e sua presença na atmosfera fez com que o planeta começasse a aquecer, ajudando a proliferar a vida.

Mais tarde, organismos microscópicos chamados cianobactérias começaram a fazer fotossíntese, usando a energia dos raios do Sol para construir seus tecidos. O gás de exaustão do processo — oxigênio — causou uma revolução. Tornou-se o combustível padrão para uma maneira muito mais eficiente de extrair energia dos alimentos e, assim, abriu o caminho para o estabelecimento de toda vida complexa. As cianobactérias ainda constituem uma parte significativa do fitoplâncton que flutua hoje nos níveis superiores do oceano. Você e eu, e todos os animais com os quais compartilhamos a Terra, descendemos, em última análise, de criaturas marinhas. Devemos tudo ao oceano.

Baleia-azul *Balaenoptera musculus*.

No final da década de 1990, os cineastas da Unidade de História Natural da BBC propuseram uma série inteiramente dedicada à vida no mar. Eles a chamaram de *Planeta azul*. Os mares são os mais difíceis e caros de todos os ambientes para filmar e um dos lugares mais complicados de todos para registrar o comportamento animal. Mau tempo, pouca visibilidade e dificuldade em simplesmente encontrar animais nas vastas extensões tridimensionais do oceano podem arruinar qualquer dia de filmagem. Mas o oceano também oferecia grandes oportunidades para novas e surpreendentes perspectivas sobre o mundo natural. O primeiro a mostrar os oceanos na televisão foi um biólogo vienense chamado Hans Hass, que, acompanhado de sua esposa, Lotte, filmou no mar Vermelho. Foi seguido pelo capitão Cousteau, que inventou a válvula de demanda, o dispositivo que ainda é o mecanismo essencial para que os nadadores humanos respirem debaixo d'água. Ano após ano, ele filmou incansavelmente os oceanos no mundo todo. Mesmo depois do trabalho desses pioneiros, porém, a imensa variedade de vida no mar, muito maior do que a que existe na terra, quase não havia sido vista.

Planeta azul levou aproximadamente cinco anos para ser feito e envolveu quase duzentas locações. Operadores especializados em câmeras submarinas registraram moluscos chocos cortejando nos recifes de coral, lontras-marinhas mergulhando em busca de mariscos em florestas subaquáticas de algas, caranguejos-eremitas lutando por conchas vazias, tubarões-martelo se reunindo às centenas para se reproduzir em um monte submarino no Pacífico e, talvez o mais difícil e extraordinário de tudo, a caça ao agulhão-bandeira e ao atum-rabilho em mar aberto. Navios de águas profundas foram usados para procurar novas espécies nas planícies abissais e observar a carcaça de uma baleia-cinzenta sendo dilacerada por peixes-bruxa. Minha contribuição foi fornecer os comentários.

Uma equipe usando uma aeronave ultraleve trabalhou por três anos para filmar uma baleia-azul nadando em oceano aberto. Essa sequência abriu a série. Ali estava, finalmente, o maior animal existente em nosso planeta, raramente visto vivo e sobre o qual não sabíamos quase nada. Mas talvez o grande triunfo de *Planeta azul* tenha sido as sequências de bola de iscas — dramas naturais tão espetaculares quanto qualquer um encontrado no Serengueti. O atum gira em torno dos peixes-isca, prendendo-os contra a superfície, nadando em volta deles para transformá-los em uma bola compacta de pânico. Em seguida, eles atacam, cruzando a bola na velocidade da luz e por todos os ângulos. Fileiras de tubarões e golfinhos avançam pelo mar espumante para entrar na briga. Os golfinhos atacam por baixo, envolvendo a bola com uma cortina de bolhas que a condensa ainda mais. Então, quando poderíamos pensar que o alvoroço fosse diminuir, os albatrozes chegam e mergulham de cima, cortando a água para encher os bicos de peixes. E, finalmente, uma baleia pode aparecer para pegar a isca restante em sua boca, que parece um balde gigante.

Frenesis como esses devem ocorrer milhares de vezes por dia no oceano, mas ninguém nunca os havia visto antes debaixo d'água. De todos os eventos naturais, eram os mais difíceis de prever e, portanto, de capturar em filme. De certa forma, a equipe técnica estava fazendo exatamente o mesmo que atuns, golfinhos, tubarões e albatrozes: esperando o súbito aparecimento de um "ponto quente" efêmero, uma grande nuvem de plâncton, alimentando-se de ondas de nutrientes que sobem das profundezas por meio do fenômeno da ressurgência. Isso atrai cardumes enormes de peixes menores oriundos de centenas de quilômetros de distância. Quando esses peixes estão presentes em densidade suficiente, os predadores atacam e, em um momento, o oceano se torna um frenesi de ação. As equipes de câmeras que tentavam filmar esse evento estavam sempre buscando encontrá-los — esquadrinhando o horizonte à procura de pássaros mergulhadores ou grupos de golfinhos. Os diversos membros do staff de *Planeta azul* passaram quatrocentos dias sem ver qualquer sinal de tal evento e, nos poucos dias em que o mar ganhou vida, tinham que se aproximar do local, que sempre era diferente, e mergulhar sob a bola de iscas antes que fosse reduzida a nada. Era uma operação de alto risco. Mas, quando teve sucesso, essa equipe produziu um drama incomparável.

Grandes frotas comerciais se aventuraram pela primeira vez em águas internacionais na década de 1950. Legalmente, trabalhavam em terra de ninguém, lugares onde podiam pescar o quanto quisessem sem nenhuma restrição. No início, pescar em mares em grande parte inexplorados levava a ricas capturas, mas, em poucos anos, em qualquer área, as redes recolhidas estavam quase vazias. Então, as frotas seguiram em frente. Afinal, o oceano não era vasto e praticamente ilimitado? Verificando os dados das capturas ao longo dos anos, era possível perceber como uma região do oceano após a outra teve seus estoques de peixes quase esgotados. Em meados da década de 1970, as únicas áreas realmente produtivas estavam no leste da Austrália, no sul da África, no leste da América do Norte e no oceano Antártico.[14] No início da década de 1980, a pesca global havia se tornado tão pouco recompensadora que os países com grandes frotas tiveram que apoiá-las com subsídios financeiros — na verdade, pagando às frotas para *pescar em excesso*.[15] No final do século XX, a humanidade havia removido 90% dos grandes peixes de todos os oceanos do mundo.

Visar os maiores e mais valiosos peixes dos mares é excepcionalmente prejudicial. Não só remove os peixes do topo da cadeia alimentar, por exemplo, o atum e o peixe-espada, como também remove os maiores espécimes de uma população — o maior bacalhau, os maiores pargos. Nas populações de peixes, o tamanho é importante. A maioria dos peixes de águas abertas cresce ao longo de suas vidas. O potencial reprodutivo de uma fêmea está relacionado ao seu tamanho. As mães grandes produzem mais ovos de uma forma desproporcional. Então, ao remover todos os peixes acima de um certo tamanho, removemos seus reprodutores mais eficazes, e logo as populações entram em colapso. Em áreas de pesca excessiva, não há mais peixes grandes.

Essa caça ao peixe é um jogo de gato e rato que foi aprimorado por gerações de comunidades pesqueiras ao longo das costas do mundo. Como sempre, com nossa capacidade inigualável de resolver problemas, inventamos uma enorme variedade de maneiras de pescar. As embarcações foram adaptadas a mares e climas específicos, e equipamentos de navegação, desenvolvidos, desde mapas simples a cronômetros marítimos que mantêm sua precisão mesmo quando sacudidos nos mares mais agitados. As previsões sobre onde aparecerão pontos críticos da vida marinha podem se basear nas memórias de pescadores antigos ou no uso de ecobatímetros de alta tecnologia. Na busca de peixes, desenvolvemos redes que são empurradas através da água, redes que flutuam nas correntes, redes que cercam um cardume e são, então, puxadas para dentro pela sua base, redes que são lançadas ao mar por cima d'água e redes que afundam e raspam a areia do fundo. Medimos a profundidade de todo o oceano, mapeando seus montes submarinos ocultos e as plataformas continentais para sabermos onde esperar. Trabalhamos com botes, canoas e navios que podem passar meses no mar, lançando paredões de redes ao longo de quilômetros de oceano, arrastando centenas de toneladas de peixes de uma só vez.

Nós nos tornamos muito habilidosos na pesca. E temos feito isso não gradualmente, mas — como nos casos da caça às baleias e da destruição das florestas tropicais — repentinamente. Ganhos exponenciais são característicos da evolução cultural. A invenção se acumula. Se você combinar o motor a diesel, o GPS e o ecobatímetro, as oportunidades que eles criam não são apenas adicionadas umas às outras, elas se multiplicam. Mas a capacidade de reprodução dos peixes é limitada. Como consequência, agora temos a sobrepesca em muitas de nossas águas costeiras.

Retirar populações inteiras de peixes do oceano aberto é uma prática imprudente. As cadeias alimentares oceânicas operam de forma muito diferente das terrestres. As correntes ali podem ter apenas três elos — de grama para gnu para leão. O oceano rotineiramente tem correntes com quatro, cinco e mais elos. O fitoplâncton microscópico é comido pelo zooplâncton quase invisível, que, por sua vez, é comido por alevinos, que são então abocanhados por uma série de peixes de tamanho crescente, com bocas cada vez maiores. Essa cadeia estendida é o que testemunhamos em uma bola de iscas e é autossustentável e autorregulada. Se um tipo de peixe de tamanho médio desaparece porque o apreciamos no prato, os que estão abaixo dele na cadeia alimentar podem se tornar superabundantes, e os que estão acima podem morrer de fome porque não se alimentam diretamente de plâncton. As explosões de vida de curta duração e bem equilibradas nos pontos quentes tornam-se mais raras. Os nutrientes diminuem nas águas perto da superfície do oceano e permanecem na escuridão abaixo — uma perda líquida para a comunidade da superfície por milênios. Quando os pontos quentes começam a diminuir, o oceano aberto começa a morrer.

A verdade é que, com o tempo, fomos forçados por nosso número crescente a nos tornar pescadores cada vez mais eficientes. A cada ano, não apenas temos mais bocas para alimentar, mas há menos peixes para pescar. Registros e relatos, até mesmo além da memória viva, no século XIX e no início do século XX, descrevem um oceano que não reconheceríamos. Fotografias antigas mostram pessoas com salmões que batem na altura das coxas. Relatórios da Nova Inglaterra falam de cardumes tão vastos e tão próximos da costa que os habitantes locais conseguiam pegá-los com seus garfos de mesa. Na Escócia, os pescadores puxariam quatrocentas iscas e encontrariam peixes pleuronectiformes em quase todos eles.[16] Nossos ancestrais não tão distantes pescavam com nada mais complexo do que anzóis e redes de algodão. Agora, lutamos para pegar algo comestível com uma tecnologia que tiraria o fôlego deles.

Há menos peixes no mar hoje. Não percebemos que isso ocorre por causa de um fenômeno denominado *síndrome de deslocamento da linha de referência*. Cada geração define o normal de acordo com aquilo que experimenta. Julgamos o que o mar pode oferecer pelas populações de peixes que conhecemos hoje, sem saber como elas já foram. Esperamos cada vez menos do oceano porque nunca soubemos por nós mesmos quais riquezas ele já proporcionou e quais poderia voltar a fornecer.

Enquanto isso, a vida marinha também estava se desfazendo nas águas rasas. Em 1998, uma equipe de *Planeta azul* deparou-se com um evento que não era muito conhecido na época — os recifes de coral estavam perdendo suas cores delicadas e normais e ficando brancos. Quando você vê isso pela primeira vez, pode pensar que é lindo — os ramos, as penas e as folhas de um branco puro parecem esculturas de mármore complexas —, mas logo você percebe que, na verdade, é trágico. O que você está vendo são esqueletos — esqueletos de criaturas mortas.

Os recifes de coral são construídos por pequenos animais chamados pólipos, aparentados com águas-vivas. Eles têm corpos simples, consistindo em pouco mais do que um talo, contendo um estômago com um anel de tentáculos no topo, ao redor da boca. Os tentáculos têm células urticantes que perfuram a presa microscópica que passa ali por perto, transportando-a para a boca, que então se fecha enquanto o pólipo digere sua captura antes de reabrir para sua próxima refeição. Esses pólipos de coral constroem paredes de carbonato de cálcio para proteger seus corpos macios de predadores famintos. Um dia, acabam se tornando enormes estruturas de pedra, cada espécie criando sua própria forma arquitetônica. Crescendo juntos, transformam-se em grandes recifes. O maior de todos, a Grande Barreira de Corais no nordeste da Austrália, é visível do espaço.

Visitar um recife de coral é um encontro com a vida selvagem fundamentalmente diferente de tudo que conheci em terra. Desde o primeiro momento em que você mergulha, não é mais um prisioneiro da gravidade. Pode se deslocar em qualquer direção com um movimento de uma das nadadeiras em seus pés. Abaixo de você se estende uma vastidão de corais multicoloridos, tão grande e variada quanto uma cidade vista do ar e desaparecendo no azul. Conforme você foca, vê que é povoado por um elenco dos personagens mais extraordinários — peixes multicoloridos, pequenos polvos, anêmonas-do-mar, lagostas, caranguejos e camarões transparentes e todo tipo de coisa que você nem imaginava que existisse. São todos fantasticamente bonitos e todos, exceto aqueles bem ao seu lado, completamente despreocupados com a sua presença. Você flutua acima deles, paralisado. Se eles olharem para você e você ficar parado, podem se aproximar e até mordiscar suas luvas.

Os recifes de coral rivalizam com as florestas tropicais em termos de biodiversidade. Também existem em três dimensões, e isso proporciona a mesma abundância de oportunidades de vida encontrada na selva. Mas seus habitantes são muito mais coloridos e visíveis. Passe semanas em uma floresta tropical como eu fiz e começará a procurar papagaios e flores apenas para vislumbrar um tom de verde diferente. Em um recife, toda uma comunidade de pequenos peixes, camarões, ouriços-do-mar, esponjas e moluscos sem concha envoltos em tentáculos, vulgarmente chamados de lesmas-do-mar, parecem ter sido decorados por crianças criativas em tons de rosa, laranja, roxo, vermelho e amarelo.

As cores dos corais não vêm dos pólipos, mas de algas simbióticas que vivem em seus tecidos, chamadas zooxantelas. Elas são capazes de fazer fotossíntese como outras plantas, portanto, como uma parceria, os pólipos de coral e seus arrendatários de algas se beneficiam de serem tanto plantas como animais. Durante o dia, a empresa conjunta banha-se de sol, e as algas usam a luz para criar açúcares que fornecem aos pólipos até 90% da energia de que necessitam. À noite, os pólipos continuam a coletar suas presas. Dessas refeições, seus parceiros de algas extraem o alimento de que precisam para fazer seu trabalho, e os pólipos continuam a construir suas paredes de carbonato de cálcio para cima e para fora, mantendo assim a posição da colônia ao sol. É uma relação mutuamente vantajosa que transformou os mares rasos e quentes, pobres em nutrientes, em oásis de vida. Mas é um equilíbrio precário.

O branqueamento que as equipes de *Planeta azul* encontraram estava acontecendo porque os corais estavam ficando estressados e ejetando suas algas, expondo a cor branca de seus esqueletos de carbonato de cálcio. Sem as algas, os pólipos diminuem. As algas marinhas começam a colonizar o local, sufocando os esqueletos de coral, e o recife então se transforma, com velocidade alarmante, do país das maravilhas em um deserto.

No início, a causa desse branqueamento era um mistério. Demorou um tempo para os cientistas descobrirem que ele geralmente ocorre onde o oceano está esquentando rapidamente. Já faz algum tempo que os climatologistas têm alertado que o planeta ficaria mais quente se continuássemos a queimar combustíveis fósseis, adicionando dióxido de carbono e outros gases do efeito estufa à atmosfera. Esses gases eram conhecidos por aprisionar a energia do Sol perto da superfície da Terra, aquecendo o planeta em um fenômeno denominado efeito estufa. Uma mudança radical no nível de carbono atmosférico foi uma característica de todas as cinco extinções em massa na história da Terra e um fator importante na aniquilação mais abrangente das espécies — a extinção do Permiano, há 252 milhões de anos. A causa exata dessa mudança é contestada,[17] mas sabemos que um dos eventos vulcânicos mais longos e extensos da história da Terra foi crescendo em força ao longo de um período de 1 milhão de anos, cobrindo o que hoje é a Sibéria com 2 milhões de quilômetros quadrados de lava. Essa lava pode ter se espalhado pelas rochas existentes e alcançado vastas camadas de carvão, incendiando-as e liberando na atmosfera dióxido de carbono suficiente para elevar a temperatura do planeta 6 °C acima da média atual, e aumentando a acidez de todo o oceano. O aquecimento do oceano colocou todos os sistemas marinhos sob pressão e, à medida que as águas se tornaram mais ácidas,

Uma orca espia um grupo de focas-caranguejeiras, *Planeta gelado*.

as espécies marinhas com conchas de carbonato de cálcio — como os corais e grande parte do fitoplâncton — simplesmente se dissolveram. O colapso de todo o ecossistema era, então, inevitável. Noventa e seis por cento das espécies marinhas da Terra desapareceram.

A primeira fase de uma morte semelhante no oceano estava se desenrolando enquanto *Planeta azul* estava sendo filmado na década de 1990. Foi uma demonstração terrível de que agora tínhamos a capacidade de exterminar criaturas vivas em grande escala. Além do mais, estávamos fazendo isso mesmo sem entrar no mar. Não era como destruir uma floresta tropical. Remover as árvores exigia bastante trabalho. Aqui, estávamos deteriorando ecossistemas distantes em todo o mundo sem sequer visitá-los — alterando a temperatura e a química do oceano com as consequências de nossas atividades a milhares de quilômetros de distância.

Durante o Permiano, foi preciso 1 milhão de anos de atividade vulcânica sem precedentes para envenenar o oceano. Começamos a fazer isso novamente em menos de dois séculos. Ao queimar combustíveis fósseis, estamos liberando o dióxido de carbono capturado por plantas pré-históricas ao longo de milhões de anos em poucas décadas. O mundo vivo nunca foi capaz de lidar com aumentos significativos de carbono na atmosfera. Nosso vício em carvão, petróleo e gás estava a caminho de derrubar a estabilidade benigna do nosso meio ambiente e desencadear algo semelhante a uma extinção em massa.

No entanto, até a década de 1990, havia poucas evidências sólidas, acima da água, de que essa catástrofe se aproximava. Enquanto o oceano estava esquentando, a temperatura global do ar permanecia relativamente estável. A inferência foi chocante: a temperatura do ar não estava mudando porque o próprio oceano estava absorvendo muito do excesso de calor do aquecimento global, e isso estava mascarando o impacto que estávamos causando. Em algum momento próximo, isso iria parar. Os corais branqueados eram como canários em uma mina de carvão, avisando-nos de uma explosão iminente. Foi a primeira indicação inequívoca para mim de que a Terra estava ficando desequilibrada.

2011

População mundial: 7 bilhões
Carbono na atmosfera: 391 partes por milhão
Natureza remanescente: 39%

As grandes regiões selvagens nas duas extremidades da Terra, no Ártico e na Antártica, tornaram-se o assunto da próxima grande série em que estive envolvido — *Planeta gelado*. Já em 2011, o mundo estava 0,8 °C mais quente, em média, do que quando nasci. Essa é uma velocidade de mudança que excede qualquer outra que tenha acontecido nos últimos 10 mil anos.

Visitei as regiões polares várias vezes ao longo de muitas décadas. Elas têm um cenário diferente de tudo na Terra e são o lar de espécies que se adaptaram a uma vida nos extremos. Mas esse mundo estava mudando. Percebemos que os verões árticos estavam se alongando. Os degelos estavam começando mais cedo, e os congelamentos, mais tarde. Equipes de operadores de câmera chegaram aos locais esperando encontrar extensões de gelo marinho, mas o que viram foi mar aberto. Ilhas que apenas alguns anos antes estavam permanentemente cercadas por gelo marinho agora podiam ser alcançadas de barco. Imagens de satélite mostraram que a extensão do gelo no verão ártico encolheu 30% em trinta anos. As geleiras em muitas partes do mundo estavam recuando às taxas mais rápidas já registradas.[18]

E o degelo do verão estava se acelerando. À medida que a temperatura do ar aumenta e as águas que atingem as bordas dos blocos esquentam, o gelo derrete mais rápido. Conforme ele derrete, a brancura nas duas extremidades do planeta Terra diminui. Os mares escuros agora absorvem mais calor do Sol, criando um retorno positivo e acelerando ainda mais o degelo. Na última vez em que a Terra ficou tão quente como agora, havia muito menos gelo do que hoje. O degelo tem um atraso — um início lento. Mas, quando começar, será impossível parar.

Nosso planeta precisa de gelo. As algas crescem na parte inferior do gelo marinho, sustentadas pelos raios de sol que o atravessam. Elas são comidas por invertebrados e pequenos peixes. Eles, por sua vez, são a base das cadeias

Morsas do Pacífico em migração na costa da Sibéria no Alto Ártico russo, *Nosso planeta*.

alimentares no Ártico e na Antártica, alguns dos mares mais produtivos do mundo, fornecendo sustento para baleias, focas, ursos, pinguins e muitas outras espécies de aves. Nós também nos beneficiamos dessa produtividade gelada. Todos os anos, milhões de toneladas de peixes são pescados tanto no extremo Norte como no extremo Sul e enviados para mercados no mundo todo.

Verões mais quentes nas regiões polares levam a períodos mais longos sem gelo no mar. Para o urso-polar, que usa o gelo marinho do Norte como plataforma para caçar focas, isso é devastador. Durante o verão, eles vagam preguiçosamente pelas praias do Ártico, sustentados por suas reservas de gordura, esperando o retorno do gelo. À medida que o período sem gelo se alongava, os cientistas detectaram uma tendência preocupante. As fêmeas grávidas, sem suas reservas, agora estavam dando à luz filhotes menores. É bem possível que num ano o verão seja um pouco mais longo, e os filhotes nascidos naquele ano sejam tão pequenos que não consigam sobreviver ao primeiro inverno polar. Toda aquela população de ursos-polares irá, então, acabar.

Pontos de inflexão assim são abundantes nos complexos sistemas da natureza. Um limite é atingido, geralmente com pouco aviso. Isso desencadeia mudanças repentinas e radicais que se estabilizam em um estado novo e alterado. Reverter esse ponto pode ser impossível — muito pode ter sido perdido, muitos componentes podem já estar desestabilizados. A única maneira de evitar essa catástrofe é observar os sinais de alerta, como a diminuição do tamanho dos filhotes de urso-polar, reconhecê-los pelo que são e agir rapidamente.

Mais adiante, ao longo da costa ártica da Rússia, há outro sinal semelhante. As morsas vivem principalmente de moluscos que crescem em algumas áreas específicas do fundo do mar no Ártico. Entre as sessões de pesca, elas se lançam sobre o gelo marinho para descansar. Mas esses lugares de descanso agora derreteram. Em vez disso, elas precisam nadar até as praias em costas distantes. Existem apenas alguns lugares adequados. Assim, dois terços da população de morsas do Pacífico, dezenas de milhares delas, reúnem-se agora em uma única praia. Com uma superlotação esmagadora, algumas escalam encostas e se acomodam no topo de penhascos. Fora d'água, sua visão é muito fraca, mas o cheiro do mar abaixo delas, ao pé da falésia, é inconfundível. Então, elas tentam alcançá-lo pelo caminho mais curto. A visão de uma morsa de três toneladas morrendo em uma queda como essa não é facilmente esquecida. Você não precisa ser um naturalista para saber que algo deu catastroficamente errado.

2020

População mundial: 7,8 bilhões
Carbono na atmosfera: 415 partes por milhão
Natureza remanescente: 35%

Nosso impacto agora é verdadeiramente global. Nosso ataque cego ao planeta está mudando os próprios fundamentos do mundo vivo. Esse é agora o estado do nosso planeta no ano de 2020.[19]

Estamos extraindo mais de 80 milhões de toneladas de frutos do mar dos oceanos a cada ano e reduzimos em 30% os estoques de peixes, chegando a níveis críticos.[20] Quase todos os grandes peixes oceânicos foram extintos.

Perdemos cerca de metade dos corais de águas rasas do mundo, e grandes branqueamentos estão ocorrendo quase todos os anos.

Nossos empreendimentos costeiros e projetos de cultivo de frutos do mar reduziram a extensão dos manguezais e prados de ervas marinhas em mais de 30%.

Nossos detritos plásticos foram encontrados em todo o oceano, desde as águas superficiais até as trincheiras mais profundas. Há atualmente 1,8 trilhão de fragmentos de plástico à deriva em uma monstruosa mancha de lixo no norte do Pacífico, onde as correntes fazem com que as águas superficiais circulem. Quatro outras manchas de lixo estão se formando em giros semelhantes em outras partes dos oceanos.

O plástico está invadindo as cadeias alimentares oceânicas, e mais de 90% das aves marinhas têm fragmentos de plástico em seus estômagos. Aldabra é uma reserva natural que poucas pessoas têm permissão para visitar. Quando desembarquei na ilha em 1983, enquanto gravava *O planeta vivo*, os únicos destroços nas praias dignos de menção eram as sementes gigantes da palmeira do coco-do-mar. Recentemente, outra equipe de filmagem visitou a ilha. Eles encontraram lixo produzido pelo homem em todas as partes das praias. As tartarugas gigantes que vivem na ilha, algumas com mais de um século, agora precisam escalar garrafas plásticas, latas de óleo, baldes, redes de náilon e borracha.

Nenhuma praia do planeta está livre de nossos resíduos.

Os sistemas de água doce estão tão ameaçados quanto os marinhos. Interrompemos o fluxo livre de quase todos os rios de tamanho considerável do mundo com mais de 50 mil grandes barragens. As represas também podem modificar a temperatura da água, alterando drasticamente o momento da migração dos peixes e sua reprodução.

Nós não apenas usamos os rios como lixões para descartar nossos resíduos, mas os enchemos de fertilizantes, pesticidas e produtos químicos industriais que espalhamos pelas terras que eles drenam. Muitas são agora as partes mais poluídas do meio ambiente encontradas em qualquer lugar do globo. Pegamos a água dos rios e a usamos para irrigar nossas plantações, e reduzimos seus níveis de tal forma que alguns deles, em algum momento do ano, não chegam mais ao mar.

Construímos em planícies aluviais e ao redor da foz de rios, e drenamos os pântanos a tal ponto que sua área total é agora apenas metade do que era quando nasci.

Nosso ataque aos sistemas de água doce reduziu os animais e plantas que vivem neles mais severamente do que aqueles em qualquer outro hábitat. Globalmente, reduzimos o tamanho de suas populações de animais em mais de 80%. O rio Mekong, no sudeste da Ásia, por exemplo, fornece um quarto de todos os peixes de água doce capturados em todo o mundo e oferece proteínas valiosas a 60 milhões de pessoas. No entanto, uma combinação de represamento, superextração, poluição e pesca predatória levou a uma diminuição da captura, ano após ano, não apenas em volume, mas em termos de tamanho dos peixes. Nos últimos anos, alguns pescadores tiveram de usar redes mosquiteiras para apanhar algo comestível.

Atualmente, cortamos mais de 15 bilhões de árvores por ano. As florestas tropicais do mundo foram reduzidas pela metade. O principal impulsionador do desmatamento contínuo, que significa o dobro dos três maiores responsáveis seguintes combinados, é a produção de carne bovina. Só o Brasil dedica 170 milhões de hectares de suas terras, uma área sete vezes maior do que o Reino Unido, para pastagens de gado. Grande parte dessa área já foi floresta tropical. O segundo impulsionador é a soja. O cultivo de soja ocupa cerca de 131 milhões de hectares, grande parte na América do

Sul. Mais de 70% dessa soja é usada para alimentar o gado criado de abate. Em terceiro lugar, estão os 21 milhões de hectares de plantações de dendezeiros, principalmente no sudeste da Ásia.[21]

As florestas que ainda existem estão severamente fragmentadas, tendo sido cortadas por estradas, fazendas e plantações. Em 70% delas, a borda de sua cobertura de árvores não está a mais de um quilômetro de distância de qualquer ponto. Restam poucas florestas profundas e escuras.

O número de insetos, globalmente, caiu 25% em apenas trinta anos. Em locais onde os agrotóxicos são muito usados, esse percentual é ainda maior. Estudos recentes mostraram que a Alemanha perdeu 75% da massa de seus insetos voadores, e Porto Rico perdeu quase 90% da massa dos insetos e aranhas que vivem nas copas das árvores. Os insetos são de longe o grupo mais diversificado entre todas as espécies vivas. Muitos são polinizadores, elos essenciais em inúmeras cadeias alimentares. Outros são caçadores e os fatores dominantes na prevenção de que populações de insetos herbívoros se transformem em pragas.[22]

Metade das terras férteis da Terra agora é cultivada. Na maioria das vezes, abusamos delas. Nós as sobrecarregamos com nitratos e fosfatos, pastamos excessivamente, queimamos, sobrepesamos com variedades inadequadas de culturas e as pulverizamos com pesticidas, matando assim os invertebrados que dão vida ao solo. Muitos solos estão perdendo sua camada superficial e mudando de ecossistemas ricos, repletos de fungos, vermes, bactérias especializadas e uma série de outros organismos microscópicos, para um solo duro, estéril e vazio. A água da chuva escoa dele e contribui, assim, para as inundações excessivas que agora submergem com tanta frequência o interior de muitas nações que praticam a agricultura industrial.

Setenta por cento da massa de pássaros neste planeta hoje são domesticados. A maioria é de galinhas. Globalmente, comemos 50 bilhões delas a cada ano. Vinte e três bilhões de galinhas estão vivas no momento. Muitas delas são alimentadas com ração à base de soja derivada de terras desmatadas.

Ainda mais surpreendente é o fato de que 96% da massa de todos os mamíferos da Terra é composta por nossos corpos e por animais que criamos para comer. Nossa própria massa responde por um terço do total.

©JOE FEREDAY

David em Chernobyl, *Nosso planeta*.

Nossos mamíferos domésticos — principalmente vacas, porcos e ovelhas — representam pouco mais de 60%. O restante — todos os mamíferos selvagens, de ratos a elefantes e baleias — representa apenas 4%.[23]

Desde a década de 1950, em média, as populações de animais selvagens caíram pela metade. Quando olho para os meus filmes anteriores, percebo que, embora tivesse a sensação de que estava vagando por um mundo natural e selvagem imaculado, isso era uma ilusão. Aquelas florestas, planícies e mares já estavam se esvaziando. Muitos dos animais maiores já eram raros. Uma mudança na linha de referência distorceu nossa percepção de toda a vida na Terra. Esquecemos que outrora havia florestas temperadas que demoravam dias para serem atravessadas, manadas de bisões que levariam quatro horas para passar e bandos de pássaros tão vastos e densos que escureciam os céus. Essas coisas eram normais apenas algumas gerações atrás. Não mais. Nós nos acostumamos a um planeta empobrecido. Substituímos o selvagem pelo domesticado. Consideramos a Terra como *nosso* planeta, administrado pela humanidade para a humanidade. Sobra pouco para o resto do mundo vivo. O mundo verdadeiramente selvagem — aquele mundo não humano — desapareceu. Nós invadimos a Terra.

Passei os últimos anos falando sobre isso sempre que podia — nas Nações Unidas, no Fundo Monetário Internacional, no Fórum Econômico Mundial, para financistas em Londres e frequentadores de festivais em Glastonbury. Gostaria de não estar envolvido nessa luta, porque queria que a luta não fosse necessária. Mas tive uma sorte inacreditável na minha vida. Certamente me sentiria muito culpado se, tendo percebido quais são os perigos, decidisse ignorá-los.

Tenho que me lembrar das coisas terríveis que a humanidade fez ao planeta durante minha vida. Afinal, o sol ainda nasce e o jornal é colocado na caixa de correio todas as manhãs. Mas, de certa forma, penso nisso na maioria dos dias. Estamos, como aquelas pobres pessoas em Pripyat, caminhando como sonâmbulos para uma catástrofe?

Parte dois
O que vem pela frente

Temo por aqueles que irão testemunhar os próximos noventa anos se continuarmos vivendo como estamos fazendo agora. O que há de mais moderno em compreensão científica[24] sugere que o mundo vivo está em vias de entrar em colapso. Na verdade, já começou, e acredita-se que continue com velocidade crescente, de modo que os efeitos de seu declínio se tornem maiores em escala e mais impactantes à medida que se sucedem, um após o outro. Tudo em que confiamos — todos os serviços que o meio ambiente da Terra sempre nos forneceu gratuitamente — poderia começar a vacilar ou falhar totalmente. A catástrofe prevista seria incomensuravelmente mais destrutiva do que Chernobyl ou qualquer coisa que tenhamos experimentado até hoje. Isso causaria muito mais do que propriedades inundadas, furacões mais fortes e incêndios florestais de verão. Reduziria irreversivelmente a qualidade de vida de todos e das gerações que virão. Quando o colapso ecológico global finalmente chegar e alcançarmos um novo equilíbrio, a humanidade, enquanto continuar a existir na Terra, terá de viver em um planeta permanentemente mais pobre.

A escala devastadora da catástrofe agora prevista pela ciência ambiental dominante é o resultado direto da maneira como estamos tratando o planeta atualmente. Começando na década de 1950, após a Segunda Guerra, nossa espécie entrou no que foi denominado *Grande Aceleração*. Medidas de impacto e mudança em uma série de parâmetros demonstram um padrão surpreendentemente semelhante quando traçadas em um gráfico em relação ao tempo. As tendências em nossas atividades podem ser expressas em termos de *Produto Interno Bruto* (PIB), uso de energia, uso de água, construção de represas, propagação das telecomunicações, turismo, disseminação de terras agrícolas. Você pode analisar a mudança no ambiente de várias maneiras — medindo o aumento do dióxido de carbono, do óxido nitroso ou do metano na atmosfera, a temperatura da superfície, a *acidificação do oceano*, as perdas de populações de peixes e de floresta tropical. Mas, independentemente de qual seja sua medida, a linha no gráfico será muito parecida. A partir de meados do século, mostrará uma subida rapidamente acelerada, uma encosta íngreme de montanha, um taco de hóquei. Gráfico após gráfico, todos iguais. Esse crescimento descontrolado é o perfil de nossa existência contemporânea. É o modelo universal do período da história que testemunhei na Terra — a grande explicação por trás de todas as mudanças que relato. Meu testemunho é uma narrativa em primeira pessoa da Grande Aceleração.

Você olha para todos esses gráficos — essa linha repetida — e se faz a pergunta óbvia: como isso pode continuar? Claro, a resposta é que não pode. Os microbiologistas têm um gráfico de crescimento que começa com a mesma forma e sabem como termina. Quando algumas bactérias são colocadas sobre uma camada de comida em um prato estéril e selado — um ambiente perfeito, livre de competição, sobre nutrientes abundantes —, elas levam algum tempo para se adaptar ao novo meio — um período chamado de fase *lag*. Isso pode durar apenas uma hora ou alguns dias, mas, em algum momento, termina de repente — as bactérias resolvem o problema de como explorar as condições do prato e começam a se reproduzir, dividindo-se, dobrando sua população a cada vinte minutos. Então começa a fase *log*, um período de crescimento exponencial, em que a bactéria se divide e se espalha em ondas pela superfície do alimento. Cada bactéria individual pega seu próprio lote e agarra o que precisa. Os ecologistas chamam isso de competição desordenada — cada bactéria por si! É um tipo de competição que não termina bem em um sistema fechado como o prato finito e lacrado. Quando as bactérias se reproduzem a tal ponto que chegam ao limite, cada célula individual começa a prejudicar a outra ao mesmo tempo. A comida sob as bactérias começa a acabar. Gases de exaustão, calor e efluentes começam a se acumular e a envenenar a vida ao redor a uma velocidade crescente. As células começam a morrer, diminuindo a taxa de crescimento da população pela primeira vez. Essas mortes também ocorrem exponencialmente devido à piora do ambiente, e logo chega um momento em que a taxa de mortalidade e a de natalidade se igualam. Nesse ponto, a população atingiu o pico e pode se estabilizar por um período. Mas, dentro de um sistema finito, isso não continuará para sempre — não é *sustentável*. A comida começa a acabar em todas as partes, o lixo acumulado torna-se mortal em todo o prato e a colônia acaba tão rapidamente quanto cresceu. No final das contas, o prato lacrado se torna um lugar muito diferente — sem comida, com o ambiente arruinado, quente, ácido e tóxico.

A Grande Aceleração nos coloca, nossas atividades e nossas várias medidas de impacto, na fase *log*. Depois de centenas de milênios de *lag*, parece que nós, humanos, resolvemos os problemas práticos de viver na Terra em meados do século passado. Provavelmente foi um resultado inevitável da ascensão da era industrial — que nos permitiu, com novas fontes de energia e máquinas, multiplicar os esforços de um indivíduo —, mas parece ter sido finalmente desencadeada pelo fim da Segunda Guerra Mundial. O próprio esforço de guerra foi responsável por avanços na medicina, na engenharia, na ciência e na comunicação. O fim da guerra provocou a formação de uma série de iniciativas multinacionais, incluindo as Nações Unidas, o Banco Mundial e a União Europeia, todas destinadas a unir o mundo e garantir que a sociedade humana global trabalhasse em conjunto. Essas iniciativas contribuíram para proporcionar um período incomparável de paz relativa — a Grande Paz —, e foi por isso que pudemos explorar nossas liberdades, acelerando todas as oportunidades de crescimento.

A curva da Grande Aceleração é a visão do progresso. Durante seu reinado, para a maioria, as medidas de desenvolvimento humano aumentaram notavelmente — expectativa média de vida, alfabetização e educação globais, acesso à saúde, direitos humanos, renda *per capita*, democracia. Foi a Grande Aceleração que gerou os avanços nos transportes e nas comunicações que marcaram minha carreira. A surpreendente expansão em todos os tipos de atividades que conseguimos realizar nos últimos setenta anos concretizou muitas das coisas que poderíamos ter desejado. No entanto, devemos reconhecer que, além de todos os benefícios, existem custos. Como as bactérias, temos nossos gases de exaustão, nossos ácidos e nossos resíduos tóxicos. Esses custos também se acumulam exponencialmente. Nosso crescimento acelerado não pode continuar para sempre — as fotos da Apollo mostram claramente que a Terra é um sistema fechado, assim como o prato selado da colônia de bactérias. Precisamos saber com urgência o quanto nosso planeta pode aguentar.

Algumas das ciências mais importantes dos últimos anos examinaram a natureza em escala planetária para descobrir esses detalhes. Uma equipe de importantes cientistas do *sistema terrestre* liderados por Johan Rockström e Will Steffen estudou a resiliência dos ecossistemas no mundo.[25] Eles examinaram cuidadosamente os elementos que permitiram que cada ecossistema funcionasse de forma tão confiável durante o Holoceno e testaram com modelos em que ponto cada um desses ecossistemas começaria a falhar. Na verdade, descobriram o funcionamento interno e as fraquezas inerentes à nossa máquina de suporte à vida — um projeto extremamente ambicioso que transformou nossa compreensão sobre a maneira como o planeta funciona.

Eles encontraram nove limiares críticos conectados ao meio ambiente da Terra — nove *limites planetários*. Se mantivermos nosso impacto dentro desses limites, ocuparemos um espaço operacional seguro, uma existência sustentável. Se forçarmos nossas demandas a tal ponto que qualquer um desses limites seja rompido, correremos o risco de desestabilizar a máquina de suporte à vida, debilitando permanentemente a natureza e removendo sua capacidade de manter o ambiente seguro e benigno do Holoceno.

Na sala de controle da Terra, estamos girando distraidamente os botões dessas nove fronteiras, assim como a infeliz equipe do turno da noite fez em Chernobyl em 1986. O reator nuclear também tinha suas fraquezas e seus limites embutidos — alguns conhecidos pela equipe, outros desconhecidos. Eles moveram os mostradores propositalmente para testar o sistema, mas o fizeram sem o devido respeito ou a compreensão dos riscos que estavam correndo. Depois de irem longe demais, um limite foi violado e uma reação em cadeia foi posta em movimento, o que levou à desestabilização da máquina.

O Modelo de Limites Planetários

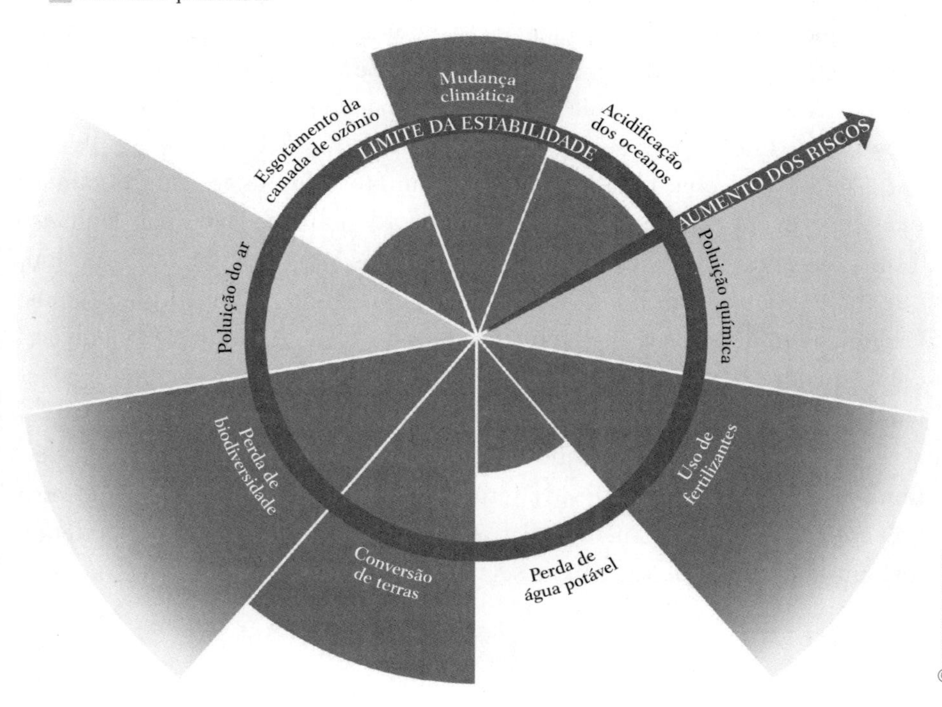

©MEGHAN SPETCH

A partir daquele momento, não havia nada que pudessem fazer para impedir o desastre que estava acontecendo — o complexo e frágil reator já estava fadado ao fracasso.

Atualmente, nossas atividades estão comprometendo a Terra e a levarão ao fracasso. Já ultrapassamos quatro dos nove limites. Estamos poluindo a Terra com muitos fertilizantes, interrompendo os ciclos de nitrogênio e fósforo. Estamos convertendo hábitats naturais terrestres — como florestas, planícies e pântanos — em áreas agrícolas a uma taxa muito alta. Estamos aquecendo a Terra muito rapidamente, adicionando carbono na atmosfera mais rápido do que em qualquer outro momento da história do nosso planeta. Estamos causando uma taxa de perda de biodiversidade que é mais de cem vezes acima da média e apenas comparada, no registro fóssil, a um evento de extinção em massa.[26]

As pessoas, com toda a razão, falam muito sobre as mudanças climáticas, mas agora está claro que o aquecimento global causado pelo homem é uma das várias crises em jogo. O trabalho dos cientistas da Terra revelou que, hoje, quatro luzes de advertência estão piscando no painel. Já estamos vivendo além do espaço operacional seguro da Terra. A Grande Aceleração, como qualquer explosão, está prestes a gerar precipitação — uma reação igual e oposta no mundo vivo, um *grande declínio*.

Os cientistas preveem que o dano que tem sido a característica definidora do meu período de vida será eclipsado pelos danos que virão nos próximos cem anos. Se não mudarmos o curso, os nascidos hoje poderão testemunhar tudo que exponho a seguir.

Década de 2030

Após décadas de desmatamento agressivo e queimadas ilegais na bacia Amazônica, realizados por pessoas que querem mais terras para a agricultura, a Floresta Amazônica está em vias de ser reduzida a 75% de sua extensão original até a década de 2030. Embora ainda permaneça imensa, esse pode ser um ponto de inflexão para a Amazônia, desencadeando um fenômeno conhecido como *retração florestal*. A floresta torna-se repentinamente incapaz de produzir umidade suficiente pela redução de suas copas para alimentar as nuvens de chuva, e as partes mais vulneráveis da Amazônia se degradam primeiro em uma floresta seca sazonal, depois em uma savana aberta. O declínio é autoalimentado — quanto mais retração ocorrer, maior ela será. Assim, está previsto que a seca de toda a bacia Amazônica será rápida e devastadora.[27] A perda de biodiversidade será catastrófica — a Amazônia abriga uma em cada dez espécies conhecidas no mundo, o que significa inúmeras extinções localizadas que desencadeariam efeitos dominó em todo o ecossistema. Todas as populações nativas serão duramente atingidas, cada indivíduo encontrando uma dificuldade cada vez maior para localizar comida e um companheiro.

Espécies que poderiam significar novos medicamentos, novos alimentos e aplicações industriais podem ter desaparecido antes mesmo de sabermos que existiam. Mas o custo para a humanidade é muito mais profundo e material. Perderíamos uma longa lista de serviços ambientais que a Amazônia sempre prestou. Inundações erráticas se tornariam comuns na bacia à medida que o estoque de árvores morresse e liberasse para os rios os solos que mantinham entre suas raízes. Trinta milhões de pessoas podem precisar deixar a bacia hidrográfica, incluindo quase 3 milhões de indígenas. A mudança na umidade do ar provavelmente reduziria as chuvas em grande parte da América do Sul, causando escassez de água em muitas de suas megacidades e, ironicamente, secas nas fazendas criadas pelo desmatamento. A produção de alimentos no Brasil, no Peru, na Bolívia e no Paraguai seria radicalmente afetada.

O maior serviço ambiental da Amazônia é que, durante todo o Holoceno, mais de 100 bilhões de toneladas de carbono foram guardadas em suas árvores. Os incêndios florestais de cada nova estação seca liberariam isso progressivamente na atmosfera. Ao mesmo tempo, a redução da capacidade de fotossíntese da floresta significaria que, a cada ano, menos carbono será removido pela região. O dióxido de carbono adicional na atmosfera sem dúvida acelerará a taxa de aquecimento global.

No outro extremo da Terra, espera-se que o oceano Ártico tenha seu primeiro verão totalmente sem gelo na década de 2030.[28] Isso resultaria em águas abertas no Polo Norte. Mesmo o gelo marinho plurianual em fiordes abrigados, espesso com camadas de repetidos congelamentos, pode não durar no calor e começar a desaparecer. As florestas de algas na parte inferior do gelo seriam, então, lançadas na água, afetando toda a cadeia alimentar do Ártico. Como a Terra teria menos gelo, ficaria menos branca a cada ano, o que significa que menos energia do Sol seria refletida de volta para o espaço e a velocidade do aquecimento global aumentaria novamente. O Ártico começaria a perder sua capacidade de resfriar o planeta.

Década de 2040

Espera-se que o próximo grande ponto de inflexão ocorra alguns anos após o salto no aquecimento. Por várias décadas, o aquecimento do clima no Norte terá derretido o *permafrost*, os solos anteriormente congelados que existem abaixo da tundra e das florestas de grande parte do Alasca, no norte do Canadá e na Rússia.[29] É uma tendência muito mais difícil de detectar ou prever do que o recuo do gelo marinho, embora seja potencialmente muito mais perigosa. Durante todo o Holoceno, a água congelada constituiu até 80% dos solos dessas regiões. Em uma Terra mais quente, isso não continuaria. O único sinal do degelo acima da superfície foi o aparecimento de novos lagos e crateras disformes no extremo Norte, onde a terra desmoronou conforme a água foi drenada. No entanto, na década de 2040, acredita-se que ocorra um colapso muito mais amplo da tundra. Em poucos anos, todo o Norte — uma área que corresponde a um quarto da superfície terrestre desse hemisfério — pode se tornar um lago de lama à medida que o gelo que mantém o solo coeso desaparece. Haveria enormes deslizamentos de terra e vastas inundações à proporção que milhões de metros cúbicos de solos recém tornados fluidos procurassem terrenos mais baixos. Centenas de rios mudariam de curso, milhares de pequenos lagos seriam esvaziados. Lagos próximos à costa podem se espalhar no oceano, enviando gigantescas colunas de água doce para o mar. O impacto sobre a vida selvagem local seria devastador, e as pessoas que vivem na região — grupos indígenas, comunidades pesqueiras, funcionários de empresas de petróleo e gás, trabalhadores de transporte e silvicultura — teriam de deixar a área. Mas a principal consequência do degelo afetaria a todos na Terra. Por milhares de anos, o *permafrost* bloqueou cerca de 1.400 gigatoneladas de carbono — quatro vezes mais carbono do que a humanidade emitiu nos últimos duzentos anos e o dobro do que existe na atmosfera. O degelo liberaria esse carbono, gradualmente, ao longo de muitos anos, abrindo uma torneira de gás de metano e dióxido de carbono que provavelmente nunca seríamos capazes de fechar.

Década de 2050

Quaisquer incêndios florestais e degelos que ocorram nas próximas três décadas significarão uma grande aceleração na contagem de carbono da atmosfera. Como sempre, as águas superficiais do oceano ficariam com uma boa parte desse carbono. Ao entrar na água, o dióxido de carbono formaria ácido carbônico, primeiro nas águas rasas, depois, devido aos fluxos da circulação oceânica, em toda a coluna d'água. Na década de 2050, todo o oceano poderia ser ácido o suficiente para desencadear um declínio calamitoso.

Os recifes de coral, os mais diversos de todos os ecossistemas marinhos, são particularmente vulneráveis ao aumento da acidificação.[30] Enfraquecidos por anos de eventos de branqueamento, o aumento da acidez tornará mais difícil para eles repararem seus esqueletos de carbonato de cálcio. Em uma era de ar mais quente e tempestades mais fortes, os recifes podem ser destruídos. Alguns preveem que 90% dos recifes de coral da Terra estarão mortos no espaço de alguns poucos anos.

O oceano aberto também é vulnerável à acidificação. Muitas espécies de plâncton na base da cadeia alimentar também possuem conchas de carbonato de cálcio. Um oceano cada vez mais ácido inibiria sua capacidade de florescer. As populações de peixes em toda a cadeia seriam prejudicadas. A coleta de ostras e mexilhões começaria a falhar. A década de 2050 pode vir a ser o início do fim do que restou da pesca comercial e da piscicultura. O sustento de mais de meio bilhão de pessoas seria diretamente afetado, e uma fonte imediata de proteína que nos alimentou durante toda a nossa história começaria a desaparecer de nossas dietas.

Década de 2080

Por volta de 2080, a produção global de alimentos em terra pode estar em um ponto crítico.[31] Nas partes mais frias e ricas do mundo, onde a agricultura intensiva tem adicionado fertilizantes em excesso por um século, os solos estariam exaustos e sem vida. As principais colheitas fracassariam. Nas partes mais quentes e pobres do mundo, o aquecimento global pode acarretar temperaturas mais altas, mudanças nas monções, tempestades e secas que condenam a agricultura ao fracasso. Em todo o mundo, milhões de toneladas de solo superficial perdido podem entrar nos rios e causar inundações nas vilas e cidades.

Se as taxas atuais de uso de pesticidas, remoção de hábitat e disseminação de doenças em polinizadores como as abelhas continuarem, a perda de insetos afetará três quartos de nossas safras de alimentos na década de 2080. As colheitas de nozes, frutas, vegetais e sementes oleaginosas poderão fracassar se não puderem contar com o trabalho diligente dos insetos para sua polinização.[32]

Em algum momento, a situação pode piorar com o surgimento de outra pandemia. Estamos apenas começando a entender que existe uma associação entre o surgimento de vírus e a morte do planeta. Estima-se que 1,7 milhão de vírus que são ameaças potenciais aos humanos se esconde em populações de mamíferos e pássaros.[33] Quanto mais continuarmos a fragmentar a natureza com o desmatamento, a expansão das terras agrícolas e as atividades do comércio ilegal de animais selvagens, será mais provável a eclosão de outra pandemia.

Década de 2100

O século XXII poderia começar com uma crise humanitária mundial — o maior evento de migração humana forçada da história.

Cidades costeiras em todo o mundo estariam enfrentando um aumento previsto do nível do mar de 0,9 m durante o século XXI, causado pelo

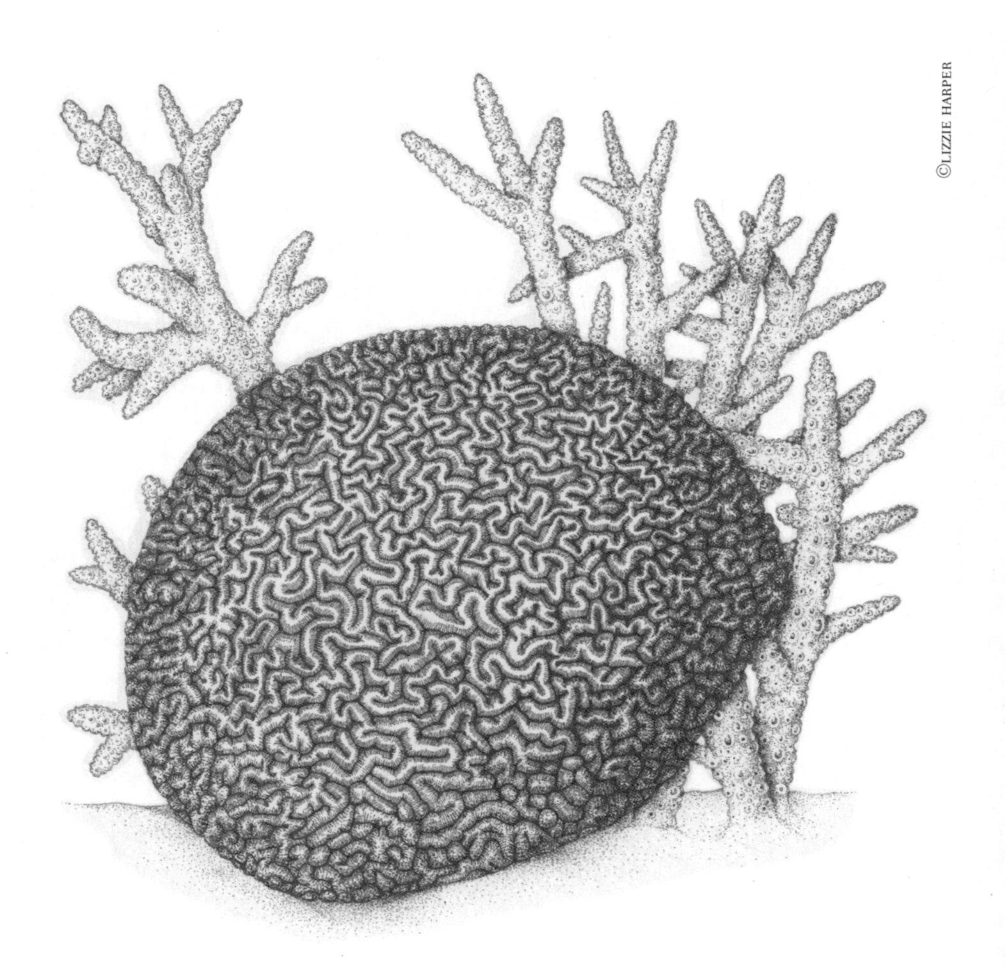

Corais: Coral-cérebro *Diploria labyrinthiformis* e
Chifre-de-veado *Acropora cervicornis*.

Abelha-operária *Apis mellifera*.

derretimento lento das camadas de gelo da Groenlândia e da Antártica, junto com uma expansão crescente do oceano à medida que se aquece.[34] Durante cinquenta anos, mais de 1 bilhão de pessoas em quinhentas cidades costeiras já podem estar lutando contra as tempestades, mas o nível do mar poderá estar alto o suficiente em 2100 para destruir portos e inundar o interior.[35] Roterdã, Cidade de Ho Chi Minh, Miami e muitos outros municípios não seriam mais considerados locais seguros e acabariam inabitáveis. As populações expulsas teriam de se mudar para o interior.

Mas há um problema maior. Se todos esses eventos acontecerem como descrito, nosso planeta estará 4 °C mais quente em 2100. Mais de um quarto da população humana poderia viver em locais com temperatura média acima de 29 °C, um nível de calor diário que hoje queima apenas o Saara.[36] A agricultura nessas áreas seria impossível, e 1 bilhão de pessoas nas áreas rurais poderiam ser forçadas a se mudar em busca de melhores perspectivas. Aquelas partes do mundo com climas ainda relativamente amenos seriam submetidas a uma pressão excessiva para aceitar o tráfego humano. Inevitavelmente, as fronteiras seriam fechadas e os conflitos, provavelmente, iriam explodir em todo o mundo.

No fundo, a sexta extinção em massa se tornaria irrefreável.

Durante a vida de uma pessoa nascida hoje, está previsto que nossa espécie levará nosso planeta por uma série de portas de mão única que provocam mudanças irreversíveis e nos comprometem a perder a segurança e a estabilidade do Holoceno, nosso Jardim do Éden. Em tal futuro, teremos nada menos do que o colapso do mundo vivo, exatamente aquilo de que dependemos como civilização.

Nenhum de nós quer que isso aconteça. Nenhum de nós pode permitir que isso aconteça. Mas, com tantas coisas dando errado, o que fazemos?

O trabalho de cientistas que estudam os sistemas terrestres nos dá a resposta. Na verdade, é bastante simples. Esteve na nossa cara o tempo todo. A Terra pode ser um recipiente selado, mas não vivemos sozinhos nela! Nós a compartilhamos com o mundo vivo — o sistema de suporte à vida mais notável que se possa imaginar, construído ao longo de bilhões de anos para refrescar e renovar o suprimento de alimentos, absorver e reutilizar resíduos, diminuir os danos e proporcionar equilíbrio à escala planetária. Não é por acaso que a estabilidade do planeta oscilou assim que sua biodiversidade diminuiu — as duas coisas estão conectadas. Para restaurar a estabilidade de nosso planeta, portanto, devemos restaurar sua biodiversidade, exatamente o que removemos. É a única maneira de sair desta crise que nós mesmos criamos. Devemos *renaturalizar* o mundo!

Parte três
Uma visão para o futuro: como renaturalizar o mundo

Como podemos encorajar o retorno da natureza e dar alguma estabilidade para a Terra? Aqueles que contemplam o caminho para um futuro alternativo, mais selvagem e estável, são unânimes em um aspecto: nossa jornada deve ser guiada por uma nova filosofia — ou, mais precisamente, pelo retorno a uma filosofia antiga. No início do Holoceno, antes de a agricultura ser inventada, alguns milhões de humanos em todo o mundo viviam como caçadores-coletores, uma existência que era sustentável, que funcionava em equilíbrio com o mundo natural. Era a única opção que nossos ancestrais tinham na época.

Com o advento da agricultura, nossas possibilidades aumentaram e nossa relação com a natureza mudou. Passamos a considerar o mundo selvagem como algo a se domar, subjugar e usar. Não há dúvida de que essa nova abordagem da vida nos proporcionou ganhos espetaculares, mas, com o passar dos anos, perdemos o equilíbrio. Deixamos de fazer parte da natureza e passamos a estar separados dela.

Todos esses anos depois, precisamos reverter essa transição. Uma existência sustentável é mais uma vez nossa única opção. Mas agora somos bilhões. Não podemos voltar aos nossos hábitos de caçadores-coletores. Nem gostaríamos. Precisamos descobrir um novo tipo de estilo de vida sustentável,

O Modelo *Donut*

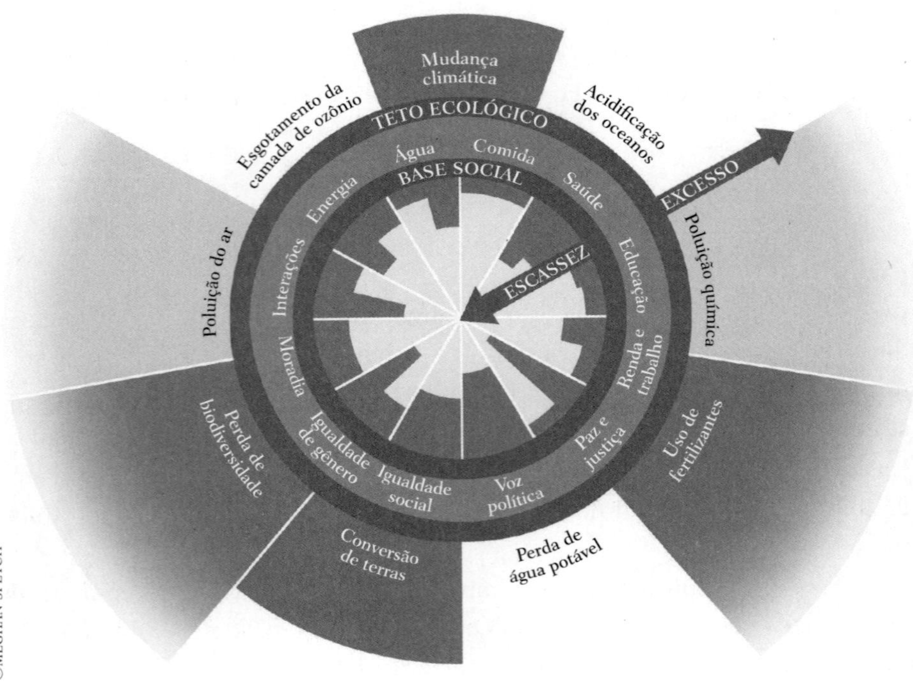

que leve o nosso mundo humano contemporâneo de volta ao equilíbrio com a natureza. Somente então a perda da biodiversidade que causamos começará a se transformar em ganho. Somente então o mundo poderá se tornar selvagem, e a estabilidade, retornar.

Já temos uma bússola para essa jornada rumo a um futuro sustentável. O Modelo de Limites Planetários é projetado para nos manter no caminho certo. Ele nos diz que devemos parar imediatamente e, de preferência, começar a reverter as alterações climáticas, prestando atenção às emissões de gases do efeito estufa onde quer que ocorram. Devemos acabar com o uso excessivo de fertilizantes. Devemos deter e reverter a conversão de espaços selvagens em terras agrícolas, plantações e outros desenvolvimentos. Ele também nos alerta sobre outras coisas nas quais precisamos ficar de olho — a camada de ozônio, nosso uso de água doce, poluição química e do ar, acidificação dos oceanos. Se nos atentarmos para todas essas coisas, a perda de biodiversidade começará a diminuir e, então, poderá se reverter. Ou, dito de outra forma, se a principal medida pela qual julgamos nossas ações for o renascimento do mundo natural, acabaremos tomando as decisões certas, e faremos isso não apenas por causa da natureza, mas, como ela mantém a Terra estável, por nós.

No entanto, falta um elemento importante na nossa bússola. Uma análise recente estimou que quase 50% dos impactos da humanidade no mundo vivo são atribuíveis aos 16% mais ricos da população humana.[37] O estilo de vida ao qual os mais ricos se acostumaram na Terra é totalmente insustentável. À medida que traçamos um caminho para um futuro sustentável, teremos de resolver esse problema. Devemos aprender não apenas a viver com os recursos finitos da Terra, mas também a dividi-los de maneira mais uniforme.

A economista Kate Raworth, da Universidade de Oxford, esclareceu esse desafio adicionando um anel interno ao Modelo de Limites Planetários. Esse novo anel contém os requisitos mínimos do bem-estar humano: boa moradia, saúde, água potável, alimentação segura, acesso à energia, boa educação, renda, voz política e justiça; portanto, torna-se uma bússola com dois conjuntos de limites. O anel externo é um teto ecológico abaixo do qual devemos permanecer se quisermos ter a chance de manter um planeta estável e seguro. O anel interno é uma base social, e nosso objetivo deve ser elevar todos acima dele para possibilitar um mundo justo. O modelo resultante foi chamado de *Donut* e é uma perspectiva atraente — um futuro seguro e justo para todos.[38]

"Sustentabilidade em todas as coisas" deve ser a filosofia da nossa espécie; o Modelo *Donut*, nossa bússola para a jornada. O desafio que ele nos coloca é simples, mas formidável: melhorar a vida das pessoas em todos os lugares e, ao mesmo tempo, reduzir radicalmente nosso impacto no mundo. E qual deveria ser nossa fonte de inspiração para tentar enfrentar esse grande desafio? Não precisamos ir além do próprio mundo vivo. Todas as respostas estão aí.

Abandonar o crescimento

Nossa primeira lição da natureza diz respeito ao crescimento. Chegamos a este momento de desespero como resultado do nosso desejo de *crescimento perpétuo* na economia mundial. Mas, em um mundo finito, nada pode aumentar para sempre. Todos os componentes do mundo vivo — indivíduos, populações e até hábitats — crescem por um período, mas depois amadurecem. E, quando amadurecem, eles podem prosperar. As coisas podem prosperar sem necessariamente ficar maiores. Uma árvore individual, uma colônia de formigas, uma comunidade de recifes de coral ou todo o ecossistema ártico, todos existem por um período prolongado, quando amadurecem como entidades bem-sucedidas. Crescem até certo ponto, então aproveitam ao máximo as coisas — explorando suas posições recém-conquistadas, mas de maneira sustentável. Eles vão do período de crescimento exponencial, a fase *log*, passando por um pico até um platô. E, como resultado da maneira como interagem com o mundo vivo, esse período de estabilidade pode durar indefinidamente.

Isso não quer dizer que uma comunidade selvagem no platô não mude. A Amazônia tem dezenas de milhões de anos.[39] Nesse período, cobriu aproximadamente o mesmo pedaço da Terra com sua vasta cobertura fechada como fazia até recentemente, prosperando em uma das principais áreas do planeta. As quantidades de luz solar e chuva que recebeu e o nível de nutrientes em seu solo podem ter sido quase constantes durante todo o período, mas as espécies em sua comunidade viva mudaram significativamente nesse tempo. Como as equipes que mudam de posição em uma tabela esportiva ou os preços das ações em uma bolsa de valores, em qualquer ano haverá vencedores e perdedores. Sempre haverá populações em ascensão, movendo-se para uma área e se multiplicando à custa de outra; árvores individuais ocupando o local onde outra caiu. Haverá novas chegadas, e outras que desaparecerão. Alguns desses recém-chegados podem proporcionar inovações que aumentam as oportunidades de outros — uma nova espécie de morcego, por exemplo, pode atuar como polinizador para plantas com flores noturnas. Por outro lado, a perda de espécies pode, ao mesmo tempo, reduzir as oportunidades em outras partes da floresta. Sempre ajustando, reagindo e refinando, a comunidade da floresta Amazônica conseguiu prosperar continuamente por dezenas de milhões de anos sem exigir mais recursos brutos da Terra. É o lugar com maior biodiversidade do planeta — o mais bem-sucedido dos empreendimentos atuais da vida —, mas não precisa de crescimento líquido. É maduro o suficiente para simplesmente durar.

A humanidade atualmente parece não ter a intenção de alcançar tal platô maduro. Como qualquer economista irá explicar, nos últimos setenta anos, todas as nossas instituições sociais, econômicas e políticas adotaram um objetivo primordial — um crescimento cada vez maior em cada nação, julgado pela medida crua do Produto Interno Bruto. A organização de nossas sociedades, as esperanças dos negócios, as promessas dos políticos, tudo exige que o PIB cresça cada vez mais. A Grande Aceleração é o produto dessa fixação, e o Grande Declínio do mundo vivo, sua consequência, pois, em um planeta finito, a única maneira de alcançar crescimento perpétuo é tirar mais de outro lugar. O que parecia um milagre da Era Moderna tratava-se apenas de um roubo. Como as estatísticas aterradoras que listei no final do meu depoimento atestam, tiramos tudo o que temos diretamente do mundo vivo. E temos feito isso ignorando o dano que estamos provocando. A perda de espécies causada pelo desmatamento para cultivar a soja de que precisamos para alimentar o frango que comemos não é contabilizada. O impacto nos ecossistemas marinhos da garrafa d'água de plástico que compramos e descartamos não é contabilizado. Os gases do efeito estufa produzidos ao fazer o concreto para os blocos que usamos para construir não são contabilizados. Não é de se admirar que todos os danos que causamos à Terra tenham se espalhado sobre nós tão rapidamente.

Uma nova disciplina dentro da economia está tentando resolver esse problema. Os economistas ambientais estão focados na construção de uma economia sustentável. A ambição deles é mudar o sistema para que os mercados em todo o mundo beneficiem não apenas os lucros, mas também as pessoas e o planeta. Eles chamam estes elementos de tripé da sustentabilidade. Muitos deles têm grandes esperanças no que chamam *crescimento verde* — um tipo de crescimento que não tem impacto negativo sobre o meio ambiente. O crescimento verde pode advir de tornar os produtos mais eficientes em termos de energia, ou de transformar atividades sujas e impactantes em atividades limpas, de baixo ou de impacto zero, ou de impulsionar o crescimento no mundo digital, que, quando alimentado por insumos *renováveis*, poderia ser descrito como um setor de baixo impacto. Os defensores do crescimento verde apontam para uma história de ondas de inovação que revolucionaram periodicamente as possibilidades para a humanidade. Primeiro, houve o advento da energia hidráulica no século XVIII, permitindo que as usinas acionassem máquinas que aumentariam enormemente a produtividade de uma empresa. Então veio a nossa adoção de combustíveis fósseis e energia a vapor, que não só causou uma revolução industrial na manufatura, mas também proporcionou ferrovias, navegação e, depois, a aviação, a partir das quais foi possível distribuir pessoas e produtos rapidamente em todo o mundo. Três ondas se seguiram. A eletrificação do início do século XX, que gerou as telecomunicações, a Era Espacial dos anos 1950, que liderou a explosão de consumo no Ocidente, e a revolução digital, que lançou a Internet e trouxe centenas de dispositivos inteligentes para nossas casas. Tudo isso mudou radicalmente o mundo e gerou um *boom* nos negócios. A esperança e a expectativa de muitos economistas ambientais é que uma sexta onda de inovação — a *revolução da sustentabilidade* — esteja começando. Nessa nova ordem, inovadores e empreendedores farão fortunas inventando produtos e serviços que reduzam nosso impacto no planeta. Claro, já estamos experimentando o início disso — lâmpadas de baixo consumo, energia solar barata, hambúrgueres feitos de vegetais com gosto de carne, investimentos sustentáveis. A esperança é que, diante da escala e da urgência do Grande Declínio do nosso planeta, os políticos e os líderes empresariais parem de subsidiar indústrias prejudiciais e rapidamente se voltem para a sustentabilidade como a opção popular e sensata para o crescimento continuar, pelo menos por um tempo.

No final das contas, porém, crescimento verde ainda é crescimento. A humanidade será capaz de ir além de sua fase de crescimento, amadurecer e se estabelecer em um platô? Será que ela pode, talvez do outro lado dessa sexta onda de inovação, tornar-se como a Amazônia — prosperar, refinar-se, melhorar de forma sustentável no longo prazo, mas sem ficar maior? Existem aqueles que desejam um futuro no qual a humanidade globalmente se desvincule de seu vício de crescimento, abandone o PIB como elemento mais importante e se concentre em uma nova medida sustentável de sucesso que envolva todos os três elementos do tripé. O Índice do Planeta Feliz, criado pela New Economics Foundation em 2006, tenta fazer exatamente isso, combinando a *pegada ecológica* com elementos do bem-estar humano, como expectativa de vida, níveis médios de felicidade e uma medida de igualdade. Quando você classifica os países por esse índice, obtém uma tabela de classificação completamente diferente do PIB sozinho. Em 2016, Costa Rica e México ficaram em primeiro lugar, com melhores pontuações médias de bem-estar do que os EUA e o Reino Unido, além de uma fração da pegada ecológica. É claro que o Índice do Planeta Feliz não é infalível. Como é uma pontuação combinada, é possível, como a Noruega, ter uma classificação elevada com uma pegada pesada se sua pontuação de bem-estar é muito alta. Também é possível, como Bangladesh, ter uma classificação elevada com bem-estar ruim se sua pegada é leve. No entanto, o Índice do Planeta Feliz e outros semelhantes estão sendo seriamente considerados por várias nações como alternativas ao PIB e encorajando um debate mais amplo sobre o propósito da soma de todos os esforços da humanidade na Terra.[40]

Em 2019, a Nova Zelândia deu o passo ousado de eliminar formalmente o PIB como sua principal medida de sucesso econômico. Não adotou nenhuma das alternativas existentes; em vez disso, criou seu próprio índice com base em suas preocupações nacionais mais urgentes. Todos os três elementos — lucro, pessoas e planeta — foram representados. Com esse ato, a primeira-ministra Jacinda Ardern mudou as prioridades de todo o seu país, que passou do puro crescimento para algo que refletisse melhor os problemas e as aspirações que muitos de nós temos hoje. A mudança na agenda pode ter tornado suas decisões mais diretas quando o coronavírus chegou em fevereiro de 2020. Ela fechou o país antes que houvesse uma única morte, enquanto outras nações hesitavam, talvez nervosas, quanto aos efeitos sobre a economia. No início do verão, a Nova Zelândia tinha poucos casos novos, e as pessoas puderam voltar a trabalhar e se encontrar livremente.

A Nova Zelândia pode ser um guia. Pesquisas em outras nações mostram que as pessoas em todo o mundo agora desejam que seus governos priorizem as pessoas e o planeta em vez de apenas o lucro. É uma indicação de que eleitores e consumidores em todos os lugares podem estar prontos para um mundo sustentável e, em última instância, como Kate Raworth o chama, de crescimento agnóstico. Cada nação tem uma jornada a percorrer para se tornar próspera e boa para seu povo e para o planeta. As nações ricas que se beneficiaram com o crescimento insustentável têm a tarefa formidável de manter um bom padrão de vida enquanto reduzem radicalmente suas pegadas. As nações mais pobres têm o desafio muito diferente de elevar radicalmente seus padrões de vida de uma maneira que nunca foi feita antes — com uma pegada sustentável. Através dessa lente, todas as nações estão agora em desenvolvimento, com trabalho a fazer, e todas precisarão mudar para o crescimento verde e se juntar à revolução sustentável.

A humanidade ainda não amadureceu. Como uma muda na Amazônia agarrando avidamente sua oportunidade de dominar uma clareira, nós concentramos todos os esforços até aqui no crescimento. Mas, de acordo com os economistas ambientais, devemos agora conter nossa paixão pelo crescimento, distribuir os recursos de maneira mais equilibrada e começar a nos preparar para a vida como uma árvore madura. Só então seremos capazes de nos aquecer à luz do Sol que nosso rápido desenvolvimento conquistou e desfrutar de uma vida duradoura e significativa.

Mudar para energia limpa

O mundo vivo é essencialmente movido a energia solar. As plantas da Terra, junto com o fitoplâncton e as algas, captam 3 trilhões de quilowatts-hora de energia solar todos os dias — isso é quase vinte vezes a energia que usamos — e coletam diretamente da luz solar, prendendo a energia dentro de moléculas orgânicas feitas de carbono. Eles obtêm esse carbono absorvendo dióxido de carbono do ar. À medida que constroem as moléculas orgânicas, expelem oxigênio como um produto residual. O processo é conhecido como fotossíntese. Potencializa todos os seus processos de vida, desde o crescimento de seus caules e troncos à produção de sementes para estabelecer a próxima geração, frutas para persuadir animais a transportar suas sementes e despensas nas quais armazenam seus alimentos para se sustentarem durante os tempos difíceis.

Os animais, incluindo nós mesmos, passam muito tempo tentando ganhar uma parte de tudo isso. Mordemos os frutos que algumas plantas produzem e sugamos o açúcar ou mordiscamos as partes mais macias de suas folhas e raízes. Nós e muitos outros animais também comemos a carne daqueles que se alimentam das plantas e, assim, coletamos a energia do Sol em segunda mão. Existem até alguns organismos — os fungos e as bactérias — que vivem liquefazendo lentamente os corpos de animais mortos para coletar as preciosas moléculas orgânicas que eles contêm. E quando qualquer um de nós — animal, planta, alga, fitoplâncton, fungo ou bactéria — finalmente quebra essas moléculas orgânicas para obter a energia interna, o dióxido de carbono escapa como um subproduto na atmosfera para ser usado pelas plantas na fotossíntese mais uma vez.

A captura e a distribuição da energia do Sol e o ciclo do carbono entre a atmosfera e o mundo vivo daí resultante têm sido fundamentais para a atividade da vida na Terra há 3,5 bilhões de anos. Durante esse tempo, uma série de florestas, pântanos e planícies deram energia ao mundo vivo de sua época. À medida que morriam, o carbono que continham voltava à atmosfera por meio do processo de decomposição. Mas houve momentos em que esse ciclo foi interrompido, e a decomposição não ocorreu. As primeiras plantas grandes o suficiente para serem descritas como árvores apareceram na Terra há cerca de 300 milhões de anos. Elas se assemelhavam aos fetos arbóreos e cavalinhas, que são seus descendentes vivos relativamente pequenos. Essas primeiras florestas cresceram em pântanos tropicais de água doce que cobriam grande parte das terras do planeta. À medida que as árvores morriam, seus corpos caíam nos pântanos e se acumulavam sob a água, sendo lentamente sepultados pelos sedimentos carregados pelos rios. Além do alcance do oxigênio e dos processos normais de decomposição, seus tecidos repletos de carbono, enterrados sob a lama e a areia, foram comprimidos e terminaram se transformando em carvão. Posteriormente, ao longo de várias centenas de milhões de anos, o plâncton e as algas que floresceram em mares antigos e lagos estagnados foram, por vezes, enterrados nas profundezas e transformados em petróleo e gás inflamável.

Há duzentos anos, começamos a desenterrar esses restos ricos em energia e queimá-los, devolvendo à atmosfera grandes quantidades do carbono que eles contêm na forma de dióxido. Aprendemos a aproveitar essa energia de combustíveis fósseis com tanta habilidade, que, hoje, nossas casas são aquecidas, nossos veículos são movidos e nossas fábricas são alimentadas por ela a tal ponto que podemos derreter o aço se quisermos. A luz do Sol daqueles bilhões de dias passados alimentou nossa Grande Aceleração. Mas, no processo, devolvemos milhões de anos de carbono na atmosfera em questão de décadas.

Foi um desastre em potencial ter feito isso. O dióxido de carbono em si é um gás relativamente inativo e inofensivo. Nós o expiramos a cada respiração. Mas é um gás do efeito estufa — ou seja, atua na atmosfera como um cobertor, prendendo o calor perto da superfície da Terra. Quanto maior sua concentração, mais eficaz é no aquecimento do planeta. O dióxido de carbono também se dissolve na água e tem o efeito de aumentar a acidez do oceano. Ao sobrecarregar o carbono na atmosfera, estamos, de fato, replicando as mudanças que levaram à maior extinção em massa de todos os tempos, no final do Permiano. No entanto, estamos realizando essas mudanças em um ritmo muito mais rápido.

De repente, encontramo-nos em uma grande desvantagem. Agora não temos outra opção a não ser mudar a maneira como usamos a energia para nossas atividades. No entanto, há pouco tempo para fazer isso. Em 2019, os combustíveis fósseis forneceram 85% de nossa energia global.[41] A energia hidrelétrica, que é de baixo carbono, mas limitada a certos locais e capaz de causar danos ambientais significativos, fornecia menos de 7%. A energia nuclear, que também é de baixo carbono, mas certamente possui seus riscos, fornecia pouco mais de 4%. As fontes de energia que deveríamos usar, as fontes naturais inesgotáveis de energia — o Sol, o vento, as ondas, as marés e o calor das profundezas da crosta terrestre, as chamadas energias renováveis — ainda representam apenas 4% de nossa capacidade no momento. Temos menos de uma década para mudar de combustíveis fósseis para energia limpa. Já aumentamos a temperatura global em 1 °C em relação aos níveis pré-industriais. Se formos parar seu aumento em 1,5 °C, haverá um limite para a quantidade de carbono que ainda poderemos adicionar à atmosfera — nosso *orçamento de carbono* — e, nas taxas de emissões atuais, adicionaremos esse valor antes do final da década.[42]

Nosso uso descuidado de combustíveis fósseis levou ao maior e mais urgente desafio que já enfrentamos. Se fizermos a transição para as energias renováveis na velocidade da luz necessária, a humanidade sempre olhará para esta geração com gratidão, pois somos de fato os primeiros a entender verdadeiramente o problema — e os últimos com a chance de fazer qualquer coisa a respeito. O caminho para um mundo movido a energia livre de carbono será acidentado, e as próximas décadas serão extremamente desafiadoras para todos nós. Mas muitos que estão trabalhando nesse problema acreditam que seja possível. Nós, seres humanos, somos, acima de tudo, os mais surpreendentes solucionadores de problemas. Antes já tivemos jornadas difíceis, que envolveram enormes mudanças sociais ao longo de nossa história, e podemos fazer isso novamente.

A primeira barreira ao progresso já foi amplamente superada — a de uma alternativa prática. O setor de energia agora tem um bom entendimento de como gerar eletricidade a partir do Sol, do vento, da água e do calor natural das profundezas da Terra. Questões pendentes permanecem. Ainda há um problema de armazenamento. As tecnologias de bateria ainda não foram desenvolvidas de forma adequada. As energias renováveis também não são tão eficientes quanto precisam ser para atender plenamente às tarefas de transporte, aquecimento e resfriamento. Nessas ocasiões, precisamos preencher nossas deficiências com soluções temporárias que nos ajudarão a contornar o problema. Às vezes, essas pontes vêm com o que Paul Hawken, do Projeto Drawdown,[43] descreve como "lamentos". É provável que superemos nossas deficiências atuais com energia nuclear, grandes hidrelétricas e um uso prolongado de gás natural, que é um combustível fóssil, mas produz muito menos emissões ricas em carbono do que carvão ou petróleo. Todas vêm com algum lamento. Podemos desenvolver soluções de *bioenergia*, nas quais os produtos agrícolas sejam usados como fonte de energia, mas isso também vem com algum contrapeso, porque sua produção exigiria grandes extensões de terra. Para o combustível de transporte, pode ser que as células de combustível de hidrogênio e biocombustíveis sustentáveis feitos de óleos vegetais e de algas se juntem aos veículos elétricos para se tornarem uma parte permanente da mistura em rodovias, ferrovias e rotas marítimas. A maioria dos especialistas concorda que o transporte aéreo será o problema mais difícil de resolver. Aviões híbridos, totalmente elétricos e a hidrogênio estão em desenvolvimento, mas, até que sejam viáveis em escala, as companhias aéreas planejam usar *compensações* das emissões de carbono nos preços das passagens. Temos de trabalhar muito para garantir que todas essas correções sejam as mais temporárias possíveis. Com tão pouco tempo antes de esgotarmos nosso orçamento de carbono, qualquer uso contínuo de combustíveis fósseis inevitavelmente exige cortes mais acentuados e profundos nas emissões em outros lugares.

Uma segunda barreira potencial é a acessibilidade, mas ela também está caindo. O aumento das energias solar e eólica já reduziu o preço da geração renovável por quilowatt a níveis que superam o carvão, a energia hidrelétrica e a nuclear, e está se aproximando do custo do gás e do petróleo. Além disso, as energias renováveis são muito mais baratas de gerenciar do que outras fontes de energia. Em trinta anos, estima-se que um setor de energia dominado por renováveis economizaria trilhões de dólares em custos operacionais. Muitos comentaristas acreditam que melhorar a acessibilidade por si só significará que as energias renováveis substituirão rapidamente os combustíveis fósseis. Mas eles podem ter subestimado uma terceira barreira.

Talvez o obstáculo mais formidável que estejamos enfrentando seja a força abstrata que podemos chamar de interesses adquiridos. A mudança é uma ameaça a qualquer pessoa que faz parte do *status quo*. Atualmente, seis das dez maiores empresas do mundo são companhias de petróleo e gás. Três delas são estatais e duas das outras quatro estão relacionadas com transporte. Mas estão longe de serem as únicas que dependem de combustíveis fósseis, utilizados predominantemente por quase todas as grandes empresas e governos para sua energia e distribuição. A maior parte da indústria pesada usa combustíveis fósseis para aquecimento ou resfriamento de produtos em suas linhas de produção. A maioria dos grandes bancos e fundos de pensão investiu pesadamente em combustíveis fósseis, exatamente as coisas que estão colocando em risco o futuro para o qual economizamos. Para gerar mudanças em um sistema tão arraigado como o nosso, serão necessários vários passos cuidadosamente avaliados. Aqueles que analisam a transição energética preveem que bancos, fundos de pensão e governos liberarão cada vez mais seus estoques de carvão e petróleo na tentativa de evitar grandes perdas. Os políticos serão chamados a usar as centenas de bilhões de dólares em subsídios que atualmente vão para o setor de combustíveis fósseis para ajudar a impulsionar as energias renováveis. Os governos locais já começaram a pagar taxas atraentes para as famílias que geram sua própria eletricidade por qualquer excedente e para ajudar as comunidades na criação de suas próprias *microrredes* renováveis.

Outras tendências que são difíceis de detectar do ponto de vista atual também podem ser bastante significativas para acelerar o abandono dos combustíveis fósseis. Alguns analistas preveem que o advento dos veículos autônomos revolucionará o setor de transporte.[44] Em poucos anos, eles esperam que os moradores das cidades deixem de ter carros e peçam um apenas quando necessário. Esses veículos seriam todos elétricos, recarregados com energia limpa, e poderiam ser gerenciados diretamente pelos próprios fabricantes, incentivando toda a indústria a melhorar sua eficiência e sua confiabilidade.

É bem reconhecido que o incentivo mais poderoso de todos para acabar com nossa dependência de combustíveis fósseis seria um alto preço global sobre as emissões de carbono — um *imposto do carbono*, que penalizaria todo e qualquer emissor. O governo sueco introduziu esse imposto na década de 1990, e isso levou a uma forte mudança dos combustíveis fósseis em muitos setores. O Centro de Resiliência de Estocolmo[45] sugere que um aumento no preço, começando em US$ 50 por tonelada de dióxido de carbono emitida, seria o suficiente para estimular a rápida mudança de tecnologia suja para limpa, desencadear impulsos de eficiência nas práticas ainda dependentes de combustíveis fósseis e estimular as mentes mais astutas a buscarem novas tecnologias e práticas que reduzam as emissões. Devemos ter o cuidado de fazer isso de uma forma que proteja os mais pobres da sociedade, mas estudos mostram que isso é absolutamente possível.[46] Em suma, um imposto sobre o carbono aceleraria radicalmente a revolução sustentável de que precisamos.

À medida que o novo mundo, limpo e livre de carbono, começar a existir, as pessoas em todos os lugares começarão a sentir os benefícios de uma sociedade movida a energias renováveis. A vida será menos barulhenta. Nosso ar e nossa água ficarão mais limpos. Começaremos a nos perguntar por que toleramos por tanto tempo milhões de mortes prematuras a cada ano por causa da má qualidade do ar. As nações mais pobres que ainda têm florestas e pastagens poderiam se beneficiar com a venda de seus créditos de carbono para aquelas que ainda dependem de combustíveis fósseis. Poderiam, então, incluir energias renováveis e vida de baixa emissão no seu projeto de desenvolvimento. Talvez um dia suas cidades inteligentes e limpas se tornem alguns dos melhores lugares da Terra para se viver, atraindo as estrelas mais brilhantes de cada geração.

Isso é fantasia? Não precisa ser. Pelo menos três nações — Islândia, Albânia e Paraguai — já geram toda a sua eletricidade sem o uso de combustíveis fósseis. Outras oito nações usam carvão, petróleo e gás para menos de 10% de sua eletricidade. Dessas nações, cinco são africanas, e três, latino-americanas. A transição energética e a revolução sustentável, em geral, oferecem aos países em rápido desenvolvimento uma oportunidade extraordinária de fazer as coisas de maneira diferente e ultrapassar muitos no mundo ocidental.

O Marrocos é um exemplo de nação que está abraçando a revolução. Na virada do século, o país dependia de petróleo e gás importados para quase toda a sua energia. Hoje, gera 40% de suas necessidades internamente a partir de uma rede de usinas de energias renováveis, incluindo a maior fazenda solar do mundo. Está liderando em um tipo de armazenamento de energia

©FADEL SENNA/GETTY

Vista aérea dos espelhos solares na usina Noor 1 de energia solar concentrada (CSP, de acordo com a sigla em inglês), próxima a Ouarzazate, Marrocos.

promissor e relativamente barato, a tecnologia do sal fundido, que usa sal puro para reter o calor solar por muitas horas, permitindo que seja usado à noite. Situado na orla do Saara, e com um cabo ligando-o diretamente ao sul da Europa, o Marrocos pode um dia ser um exportador de energia solar. Para uma nação que nunca foi abençoada com combustíveis fósseis, é uma passagem para um mundo mais próspero.

A história mostra que, com as motivações corretas, mudanças profundas podem acontecer em um curto período. Há sinais de que isso esteja começando a acontecer com os combustíveis fósseis. Globalmente, ultrapassamos o pico de uso de carvão em 2013. A indústria do carvão está agora em crise com a fuga dos investidores do setor. O *pico do petróleo* está previsto para ocorrer nos próximos anos, e os preços em queda associados ao surto de coronavírus podem até mesmo antecipá-lo. Ainda podemos realizar um milagre e avançar para um mundo de energia limpa em meados deste século.

Há uma razão adicional para ter esperanças — a possibilidade de que, como uma ponte para salvar o planeta enquanto implementamos energia limpa, podemos pegar ativamente parte do carbono que liberamos no ar e evitar que represente um perigo. Essa *captura e armazenamento de carbono*, ou CCS na sigla em inglês, é muito atraente para políticos e líderes empresariais que precisam ganhar mais tempo para eliminar os combustíveis fósseis. Existem filtros que capturam parte do carbono conforme ele sai de usinas de combustível fóssil, torres de ventiladores que o removem direto do ar, usinas de bioenergia que recuperam gases do efeito estufa à medida que a safra é digerida, e instalações que bombeiam o carbono para dentro das rochas em profundidades em que não há perigo. Alguns *geoengenheiros* sugerem mais ideias experimentais envolvendo o aproveitamento da proliferação de bactérias e algas, fertilizando o oceano com ferro, bombeando CO_2 até o fundo do mar e bloqueando o Sol com poeira na alta atmosfera. Algumas delas podem teoricamente funcionar, e umas poucas podem ser capazes de atuar em larga escala, mas até agora são muito mal compreendidas e correm o risco de gerar consequências negativas ainda imprevistas.

O que está claro para aqueles que estão preocupados não apenas com as mudanças climáticas, mas também com a perda de biodiversidade, é que temos uma maneira muito melhor de capturar carbono: a renaturalização do mundo sugará enormes quantidades de carbono do ar e o prenderá nas regiões selvagens em expansão. Quando executada em paralelo com cortes globais nas emissões, essa *solução baseada na natureza* seria a melhor situação ganha-ganha — o *armazenamento de carbono* e a biodiversidade ganham ao mesmo tempo. Estudos em muitos hábitats mostraram que quanto maior a biodiversidade de um ecossistema, melhor ele captura e armazena carbono.[47] A captura de carbono com base na natureza é aquilo em que os governos, os gestores de fundos e as empresas deveriam investir. É para onde todas as nossas compensações devem ir — um esforço globalmente financiado e apoiado internacionalmente para reviver o mundo selvagem. Funcionaria muito bem em todos os hábitats da Terra, interrompendo a mudança climática e a sexta extinção em massa ao mesmo tempo. Alguns dos ganhos mais rápidos poderiam ser obtidos em poucos anos, de forma mais espetacular dentro do maior ambiente selvagem de todos.

Renaturalizando os mares

O oceano cobre dois terços da superfície do planeta. A sua grande profundidade significa que contém uma proporção ainda maior de espaço habitável, portanto, há um papel especial para o oceano em nossa revolução para renaturalizar o mundo. Ao ajudar o mundo marinho a se recuperar, podemos fazer três coisas muito necessárias ao mesmo tempo: capturar carbono, aumentar a biodiversidade e nos abastecer com mais alimentos. Devemos começar trabalhando com a indústria que atualmente está causando mais danos ao oceano — a pesca.

A pesca é a maior coleta no mundo selvagem, o que significa que, se a fizermos bem, poderá continuar, porque existe um interesse mútuo em jogo — quanto mais saudável e biodiverso for o hábitat marinho, mais peixes haverá e mais alimento. Então, por que não está funcionando no momento? Pescamos algumas espécies em alguns lugares excessivamente. Desperdiçamos muito. Usamos técnicas de pesca desajeitadas que destroem o ecossistema. E, o mais prejudicial de tudo, pescamos em todos os lugares.

Não há mais nenhuma localização no oceano para se esconder. Biólogos marinhos, como o professor Callum Roberts, explicam que todos esses problemas podem ser corrigidos se adotarmos uma abordagem global direcionada pelas informações que já temos da ciência marinha.

Em primeiro lugar, devemos criar uma rede de zonas de proibição ao longo das águas costeiras. Atualmente, existem mais de 17 mil Áreas Marinhas Protegidas, ou AMPs, em todo o mundo, mas elas representam menos de 7% do oceano, e, em muitas delas, certos tipos de pesca ainda são permitidos.[48] É imperativo que não ocorra nenhuma pesca em uma proporção saudável do oceano devido à forma como os peixes se reproduzem. As zonas livres de pesca permitem que os peixes individuais cresçam e envelheçam. E indivíduos maiores produzem uma prole desproporcionalmente maior. Eles então, por sua vez, repovoam as águas vizinhas onde a pesca pode ocorrer. Foi provado que esse *efeito de transbordamento* ocorre em torno de AMPs restritas, dos trópicos ao Ártico. As comunidades pesqueiras tendem a resistir às restrições à pesca quando são implantadas, mas, em alguns anos, começarão a sentir os benefícios.

A Área Marinha Protegida de Cabo Pulmo fica na ponta da Baixa Califórnia, no México. Na década de 1990, essa área do mar sofreu com a pesca excessiva, e a comunidade pesqueira, desesperada por uma solução, concordou com as sugestões de cientistas marinhos de reservar mais de 7 mil hectares de sua costa como zona de pesca proibida. A população local descreve os anos imediatamente após a abertura da AMP, em 1995, como os mais difíceis que já enfrentaram. As famílias de pescadores pescavam muito pouco nas águas vizinhas e tinham de sobreviver com os vales-alimentação oferecidos pelo governo mexicano. Os pescadores podiam ver cardumes cada vez maiores na AMP e, muitas vezes, ficavam tentados a desobedecer a proibição. Foi apenas a fé que a comunidade tinha nos cientistas marinhos que manteve sua determinação. Foi por volta de dez anos depois que os tubarões voltaram para Cabo Pulmo. Os pescadores mais velhos lembravam-se deles da infância e sabiam que eram um sinal de recuperação. Depois de apenas quinze anos, a quantidade de vida marinha na zona livre de pesca aumentou em mais de 400%, chegando a um nível semelhante a recifes que nunca haviam sido pescados, e os cardumes de peixes começaram a se espalhar pelas águas vizinhas. Os pescadores pescavam como há décadas não faziam, e, mais do que isso, a comunidade tinha um ponto turístico bem próximo. Os homens e as mulheres de Cabo Pulmo encontraram novas fontes de renda — lojas de mergulho, pensões e restaurantes.[49]

O modelo AMP funciona porque nos impede de fazer algo que nunca deveríamos ter começado a fazer — consumir os principais estoques de peixes, o capital do oceano. Quando não existem zonas de proibição dentro de uma área de pesca legal, ficamos limitados a viver apenas dos juros. Qualquer financista diria que essa é uma abordagem sensata e sustentável, e, como as zonas livres de pesca aumentam a abundância de todas as populações de peixes, o capital fica cada vez maior, levando a mais e mais juros — mais peixes para a rede. Torna-se mais fácil capturar peixes, e isso reduz a quantidade de combustíveis fósseis gasta no mar, gera menos capturas indesejadas e dá a liberdade de permanecer em terra quando o mar parece agitado. AMPs bem projetadas e geridas de maneira eficaz são a passagem para uma nova e saudável relação entre a pesca e o oceano. As estimativas sugerem que zonas livres de pesca abrangendo um terço do nosso oceano seriam suficientes para permitir que os estoques se recuperassem e nos fornecessem mais peixes em longo prazo.

Os melhores locais para essas AMPs são onde os animais marinhos têm mais facilidade de procriar, os viveiros do oceano: recifes rochosos e de coral, montes submarinos, florestas de algas marinhas, manguezais, prados de ervas marinhas e sapais. Devemos deixar que as águas ao redor de tais lugares prosperem e parar de pescar nos mares que os circundam. Não é por acaso que esses também são os melhores locais para nos ajudar a alcançar nosso outro grande objetivo: a captura de carbono. Atualmente, em seu estado de esgotamento, só os sapais, os manguezais e os prados de ervas marinhas removem do ar o equivalente a cerca de metade de todas as nossas emissões de transporte.[50] Protegidos em zonas livres de pesca, esses hábitats vão se recuperar para capturar ainda mais.

A forma como pescamos também é importante. No momento, a maior parte de nossa pesca é indiscriminada. Precisamos de um processo mais inteligente, em que as redes de arrasto tenham saídas de emergência para espécies que não devam ser pescadas, em que peixes grandes e predadores como o atum sejam capturados com vara e linha, e em que a dragagem destrutiva do fundo do mar seja proibida. Precisamos monitorar constantemente nossos principais estoques de peixes e ter autocontenção para nos manter dentro de uma produção sustentável.[51] Devemos encorajar novos métodos *blockchain* de rastreamento de peixes, do cais ao prato, para que possamos ter certeza de onde eles vêm e optar por recompensar as empresas que pescam de forma sustentável.

Em última análise, o objetivo deve ser pescar para sempre, e não apenas obter um lucro rápido — respeitar o fato de que os frutos do mar capturados na natureza são um recurso compartilhado do qual todos devemos nos beneficiar, especialmente o 1 bilhão de pessoas, no geral de comunidades mais pobres, que depende dos peixes como sua principal fonte de proteína. Essa ambição de pegar o que precisamos, em vez do que podemos obter, segue as tradições do povo de Palau, uma nação insular do Pacífico tropical. Tendo vivido em seu arquipélago por 4 mil anos, separado do resto do mundo por centenas de quilômetros de águas profundas, a sustentabilidade de seus estoques de peixes sempre foi sua preocupação principal. Por gerações, os mais velhos monitoraram cuidadosamente a pesca em seus recifes e agiram rapidamente caso algum estoque começasse a declinar. Eles usam a antiga regra de "bul", ou proibição, para transformar um recife em uma zona de pesca proibida durante a noite e se recusam a suspendê-la até que as águas vizinhas estejam ocupadas com os peixes do recife novamente.

Essa tradição agora está no centro das políticas de pesca do país. Tommy Remengesau Jr., em seu quarto mandato como presidente, descreve-se como um pescador que tirou uma licença para estar no governo. Ele viu a população de seu país crescer, os turistas começarem a aparecer e as frotas de pesca comercial do Japão, das Filipinas e da Indonésia navegarem pelas águas de Palau. Quando a demanda sobre o oceano ficou muito grande, ele fez o que qualquer ancião em Palau faria — encerrou a pesca. Ela foi totalmente proibida em alguns recifes e limitada a práticas de baixo impacto em outros, enquanto proibições sazonais foram criadas para permitir que peixes ameaçados se reproduzissem em paz. Mas foi o que Remengesau decidiu para as águas profundas de Palau que impressionou. Ele anunciou que Palau não deve se sentir obrigado a continuar exportando peixe. Em vez disso, deveria

Mergulhador olhando um grande cardume de xaréu-de-olho-grande (*Caranx sexfasciatus*), Cabo Pulmo, Baja California Sur, México.

planejar levar apenas o necessário para seu povo e seus visitantes comerem — em outras palavras, retornar à pesca de subsistência. Ele reduziu radicalmente o número de licenças comerciais disponíveis e transformou quatro quintos das águas territoriais de Palau, uma área do tamanho da França, em uma zona de pesca proibida. Um pequeno número de barcos continua pescando atum suficiente na parte restante para todos os palauenses e seus turistas. Remengesau se orgulha de que, devido ao efeito de transbordamento, os palauenses estão oferecendo um presente de estoques de peixes sempre renovados aos seus vizinhos.

Existe agora uma grande oportunidade para essa sabedoria governar dois terços do oceano — uma área que constitui metade da superfície da Terra. Águas internacionais — o alto-mar — não pertencem a ninguém. São um espaço compartilhado no qual todos os Estados são livres para pescar o quanto quiserem. E esse é o problema. Algumas nações se comprometeram a pagar bilhões de dólares em subsídios às suas frotas em alto-mar. Esses subsídios mantêm os barcos pescando, mesmo quando sobra pouco peixe para que o trabalho seja lucrativo. Com efeito, o dinheiro público está sendo usado para esvaziar o oceano aberto. Os piores infratores são China, UE, EUA, Coreia do Sul e Japão, todas as nações que podem se dar ao luxo de acabar com essa prática. E essa é a esperança — enquanto escrevo, as Nações Unidas e a Organização Mundial do Comércio estão trabalhando em um novo conjunto de regras para o alto-mar.[52] Eles estão empenhados em acabar com os subsídios prejudiciais à pesca e em proporcionar algum alívio às populações de peixes pescados em excesso que vivem nas águas profundas do mundo. Mas está claro que poderíamos ir muito mais longe. Se todas as águas internacionais fossem designadas como zona de pesca proibida, transformaríamos o oceano aberto de um lugar exausto por nossa caça incansável em uma floresta florescente, que semearia nossas águas costeiras com mais peixes e ajudaria a todos, por meio de sua diversidade, em nossos esforços para capturar carbono. O alto-mar se tornaria a maior reserva de vida selvagem do mundo, e um lugar que não pertence a ninguém se tornaria um lugar cuidado por todos.

Mas já ultrapassamos o ponto em que esse tipo de abordagem por si só é apropriado: 90% das populações de peixes estão sofrendo com a pesca excessiva ou chegaram à capacidade máxima. Isso pode ser visto nos registros de captura global ao longo dos últimos anos. Chegamos a outro pico — *pico de captura* — em meados de 1990, quando *Planeta azul* estava sendo filmado. Desde então, não conseguimos retirar mais do que cerca de 84 milhões de toneladas de peixes do oceano. No entanto, é claro, a demanda por peixes continuou a aumentar à medida que a população mundial e a renda média aumentavam. Onde estamos obtendo nossos peixes extras? A partir de meados da década de 1990, a prática da piscicultura, ou *aquicultura*, cresceu exponencialmente. Em 1995, forneceu 11 milhões de toneladas de frutos do mar. Hoje, a aquicultura no total fornece 82 milhões de toneladas de alimentos.[53] Dobramos, de forma eficiente, nossa captura com a criação de peixes.

Potencialmente, poderíamos usar a aquicultura para reduzir a demanda global de frutos do mar selvagens onde é necessário, mas nossa abordagem industrial até agora tem sido repleta de práticas insustentáveis. Hábitats costeiros, como manguezais e prados de ervas marinhas, foram removidos para dar lugar a fazendas de peixes que se estendem pela costa. A criação — principalmente de peixes, camarões e amêijoas — é frequentemente muito densa, e as doenças têm sido comuns, obrigando os criadores a usar antibióticos e desinfetantes, que podem se espalhar, com a própria doença, para a água do mar circundante. Peixes predadores como o salmão foram alimentados com centenas de milhares de toneladas de peixes-isca que retiramos do oceano, negando alimento às populações de peixes selvagens, uma prática tão ruim para o oceano quanto a pesca excessiva. As fazendas podem produzir grandes quantidades de efluentes que saem dos currais para a água ao redor. Em 2007, só as vastas fazendas de camarões da China criaram 43 bilhões de toneladas de efluentes, fertilizando em excesso os mares rasos, criando florações de algas que drenam o oxigênio das águas costeiras. Algumas fazendas estão inundadas com as toxinas transportadas pelos rios, e temores de intoxicação alimentar são conhecidos. As espécies não nativas frequentemente escapam das fazendas, causando estragos entre os frágeis ecossistemas de águas estrangeiras.

As melhores práticas no setor da aquicultura marinha de hoje estão, para seu crédito, respondendo a todas essas questões.[54] Esses produtores nos mostram

Alga gigante *Macrocystis pyrifera*.

como em breve poderemos criar frutos do mar de forma sustentável. Seus viveiros de peixes estão espalhados no mar para diluir seu impacto, muitos deles localizados a quilômetros da costa para se beneficiarem de correntes mais fortes. Os peixes são criados em densidades muito mais baixas para reduzir as doenças e vacinados para que os antibióticos não entrem na água. Peixes predadores são alimentados com óleos agrícolas e proteínas de insetos de *fazendas urbanas*, que criam bilhões de moscas no desperdício de alimentos das cidades costeiras. As fazendas de peixes têm várias camadas, com gaiolas de pepinos-do-mar e ouriços-do-mar — ambos alimentos populares na Ásia — penduradas abaixo dos currais de peixes, vivendo dos dejetos que caem deles. Ao redor dos currais há cordas cobertas com mexilhões e amêijoas e folhas de algas comestíveis, todos se beneficiando de qualquer excesso de comida e resíduos levados dos currais nas correntes de superfície.

O potencial para as comunidades locais ao longo da costa mundial de recorrer a esses métodos sustentáveis para aumentar os alimentos e a renda obtidos do mar, sem prejudicar o meio ambiente local, é de tirar o fôlego. Pode muito bem haver fazendeiros oceânicos instalando-se perto da costa mais próxima a você em poucos anos.

E talvez sejam acompanhados por *guardas-florestais do oceano*. Kelp é a alga marinha de crescimento mais rápido na Terra, capaz de aumentar o comprimento de suas largas frondes marrons em até meio metro em um único dia. Ela cresce em águas costeiras frias e ricas em nutrientes, formando vastas florestas submersas que apresentam níveis notáveis de biodiversidade. Nadar por uma dessas florestas, afastando as enormes frondes rígidas, é uma experiência extraordinária. Você nunca sabe ao certo o que será revelado quando as algas passam pela sua máscara! As florestas estão sujeitas a ataques de ouriços-do-mar, e, nos casos em que eliminamos animais como as lontras-marinhas, que comem os ouriços-do-mar, florestas inteiras de algas foram devoradas por eles. Mas, com a nossa ajuda, é possível restaurar essas florestas e nos beneficiar significativamente como consequência. À medida que crescesse, a alga marinha se tornaria um lar para as populações de invertebrados e peixes e, de maneira crucial, capturaria enormes quantidades de carbono. Experimentos mostram que cada tonelada seca de algas contém o equivalente a uma tonelada de dióxido de carbono. Poderíamos colher as algas de maneira sustentável à medida que fossem crescendo e usá-las como uma nova fonte de bioenergia. Ao contrário dos cultivos de bioenergia em terra, as florestas de algas recuperadas não competiriam conosco ou com a selva terrestre por espaço. Quando combinados com a tecnologia CCS que captura dióxido de carbono à medida que as algas são digeridas, começamos a entrar em um novo território. Nesse ponto, nossa geração de energia pode realmente remover o carbono da atmosfera.[55] Alternativamente, a alga marinha também pode ser colhida como alimento para humanos, ração para gado ou peixes, ou para extrair seus bioquímicos úteis. A viabilidade da silvicultura oceânica em grande escala está sendo investigada por vários grupos de pesquisa, portanto, em breve descobriremos se isso será uma possibilidade. O que certamente é verdade é que, se pararmos de explorar o oceano e começarmos a colher seus frutos de uma forma que permita que ele prospere, isso nos ajudará a restaurar a biodiversidade e a estabilizar o planeta em uma velocidade e escala que não poderíamos esperar alcançar sozinhos. Empresas de pesca melhor administradas, uma rede bem projetada de AMPs, apoio às comunidades locais que desejam administrar de forma sustentável suas águas costeiras e a restauração dos manguezais, prados de ervas marinhas, sapais e florestas de algas em todo o mundo são as chaves para alcançar isso.

Ocupar menos espaço

A conversão de hábitat selvagem em terras agrícolas à medida que a humanidade expandia seu território ao longo do Holoceno foi a maior causa direta da perda de biodiversidade durante nosso tempo na Terra. A grande maioria dessa conversão ocorreu recentemente. Em 1700, cultivávamos apenas cerca de 1 bilhão de hectares da superfície terrestre. Hoje, nossas terras cultiváveis cobrem pouco menos de 5 bilhões de hectares, uma área equivalente à América do Norte, à América do Sul e à Austrália juntas.[56] Isso significa que atualmente reservamos mais da metade de todas as terras habitáveis do planeta apenas para nós. Para ganhar os 4 bilhões de hectares extras nos últimos três séculos, derrubamos florestas sazonais, florestas tropicais, bosques e arbustos, drenamos pântanos e cercamos pastagens. Essa destruição de hábitat não foi apenas a principal causa da perda de biodiversidade, mas foi, e continua sendo, uma das principais causas das emissões de gases do efeito estufa. As plantas terrestres e os solos do mundo combinados contêm duas a três vezes mais carbono do que a atmosfera.[57] Ao derrubar árvores, queimar florestas, dragar pântanos e arar pastagens selvagens, liberamos dois terços desse histórico carbono armazenado até hoje. Remover a natureza nos custou muito caro.

Mesmo depois de estabelecidas, as terras agrícolas modernas e industriais não substituem as selvagens. É fácil olhar para terras agrícolas e pensar nelas como uma paisagem natural, mas, na verdade, não são nada naturais. Terras agrícolas e hábitats selvagens funcionam de maneiras completamente diferentes. Os hábitats selvagens evoluíram para se sustentar. As plantas em um ecossistema cooperam para capturar e armazenar todos os ingredientes preciosos da vida — água, carbono, nitrogênio, fósforo, potássio e outros. Essas comunidades devem ser autossuficientes e construir visando ao futuro. Com o tempo, elas retêm o carbono, tornam-se mais complexas em estrutura, mais biodiversas, e seus solos tornam-se ricos em matéria orgânica.

As terras agrícolas modernas e industriais são muito diferentes. Nós as sustentamos. Damos tudo o que pensamos de que elas precisam e tiramos tudo do que não precisam. Se o solo for pobre, adicionamos fertilizantes, às vezes a ponto de torná-lo tóxico para os micro-organismos do solo. Se não houver água suficiente, buscamos de outro lugar, reduzindo a quantidade de água nos sistemas naturais. Se outras plantas crescem no local, nós as matamos com herbicidas. Se os insetos estão retardando o crescimento de nossa plantação, nós os removemos com pesticidas. No final da estação de crescimento, frequentemente retiramos todas as plantas e reviramos o solo, expondo-o ao ar e à luz do Sol, esgotando seu estoque de carbono. Deixamos rebanhos de animais no pasto durante anos, até que as gramíneas tenham perdido todas as suas reservas e se esgotem. As terras agrícolas são um território suplementado. Não há necessidade inerente de se preocupar com o futuro. Com o tempo, a maioria das terras cultivadas industrialmente emitirá carbono, se tornará mais simples em sua estrutura e perderá sua biodiversidade de solo e seu material orgânico.[58]

Por mais que possamos achá-las atraentes, colinas onduladas de campos abertos, vinhedos e pomares são ambientes estéreis em comparação com a natureza selvagem que substituíram. A verdade é que não podemos esperar acabar com a perda de biodiversidade e operar de forma sustentável na Terra até que terminemos com a expansão de nossas terras agrícolas industriais. Na verdade, se quisermos permitir que a natureza comece a se recuperar, teremos que ir mais longe e reduzir ativamente a proporção da superfície terrestre que ocupamos para que possamos devolver espaço à natureza. Como podemos fazer isso? Todos precisamos comer, e, à medida que as populações crescem e os padrões de vida melhoram, a quantidade de alimentos de que precisamos só aumenta. Como veremos mais tarde, lidar com a imensa quantidade de alimentos que desperdiçamos certamente ajudará, mas, mesmo assim, os especialistas da indústria alimentícia calcularam que precisaremos produzir mais alimentos nas próximas quatro décadas do que todos os agricultores da história cultivaram durante todo o Holoceno. Há uma pergunta crítica a ser respondida: como podemos obter mais alimentos de menos terra?

Existem alguns agricultores inspiradores na Holanda que estão entre as pessoas em melhor posição para nos mostrar como. A Holanda é um dos países mais densamente povoados do mundo. Sua modesta superfície de terra é coberta por fazendas menores do que em muitos países industrializados, sem espaço para expansão. Em resposta, os agricultores holandeses se tornaram especialistas em obter o máximo de cada hectare. Isso tem um grande custo ambiental, mas algumas dessas famílias de agricultores contam uma história de mudança nos últimos oitenta anos que pode servir de inspiração para a agricultura em todo o mundo.

Na década de 1950, como resultado dos traumas da Segunda Guerra Mundial, havia um forte desejo na Holanda de que as famílias fossem autossuficientes e tivessem bastante terra para cultivar seus próprios alimentos. Suas modestas fazendas normalmente tinham alguns animais, cereais e vegetais. Quando a geração seguinte herdou as fazendas na década de 1970, elas se industrializaram, fazendo uso de fertilizantes, estufas, máquinas, pesticidas e herbicidas. Cada fazenda passou a se especializar em uma ou duas safras, e as famílias tornaram-se muito boas em maximizar a produção.

Mas sua produtividade dependia de diesel e produtos químicos. Até agora, essa é uma história semelhante à da agricultura praticada no mundo todo. A biodiversidade, a qualidade da água e outras medidas ambientais pioraram muito. Mas então, por volta da virada do milênio, seus filhos assumiram o controle, e alguns pioneiros dessa geração tiveram uma nova ambição: continuar aumentando a produção e, ao mesmo tempo, reduzir o impacto no meio ambiente. Os novos jovens proprietários ergueram turbinas eólicas ou cavaram poços geotérmicos abaixo de suas fazendas para aquecer suas estufas com energia renovável. Instalaram sistemas automatizados de controle de temperatura para manter as estufas na temperatura perfeita e, ao mesmo tempo, reduzir as perdas de água e calor. Começaram a coletar toda a água da chuva de que precisavam nos telhados de suas próprias estufas. Plantaram suas safras não no solo, mas em calhas cheias de água rica em nutrientes para minimizar o fornecimento e a perda. Trocaram pesticidas por liberações medidas de predadores naturais para que as colônias de abelhas cultivadas em casa pudessem polinizar as plantações com segurança. Ao operar em campos abertos, eles começaram a medir o conteúdo de água e nutrientes de cada metro quadrado para que pudessem ajudar a manter os solos os mais hidratados e saudáveis possíveis. Aprenderam a fazer seu próprio fertilizante e até mesmo a usar os caules e as folhas mortas que sobravam após a colheita.

Essas fazendas inovadoras e sustentáveis estão agora entre os produtores de alimentos de maior rendimento e menor impacto do planeta. Se todos os agricultores da Holanda e, na verdade, do resto do mundo cultivassem com o etos dessas famílias pioneiras, seríamos capazes de produzir muito mais alimentos com muito menos terra.[59] No entanto, é caro implementar essa abordagem de alta tecnologia. Embora possa ser uma inspiração para as grandes empresas de produção de alimentos que administram grande parte das terras agrícolas do mundo, não ajudará os agricultores de pequena escala e de subsistência. Para esses agricultores, existem abordagens eficazes e de baixa tecnologia comprovadas para melhorar a produtividade e reduzir o impacto em diferentes situações ao redor do mundo. A *agricultura regenerativa* é uma abordagem barata, capaz de reviver os solos exaustos da maioria dos campos, levando matéria orgânica rica em carbono de

Tomates amadurecendo em talos pendurados
em uma grande estufa, Holanda.

volta para a camada superficial do solo.[60] Os agricultores regenerativos não cultivam ou aram, porque isso expõe a camada superficial do solo e libera carbono na atmosfera. Eles eliminam o uso de fertilizantes, uma vez que tendem a reduzir a biodiversidade do solo e impedir que ele funcione de maneira saudável. Eles semeiam diversas "safras de cobertura" após a colheita para proteger o solo da luz solar direta e da chuva, e para canalizar os nutrientes através das raízes das plantas de volta ao solo. Fazem a rotação das safras em qualquer campo ao longo dos anos, usando um ciclo de até dez espécies diferentes de plantas, cada uma exigindo um perfil distinto de nutrientes do solo, para que ele nunca se esgote. A rotação de culturas também reduz as infestações de pragas, de modo que o uso de pesticidas pode ser reduzido. Os agricultores podem plantar diversos produtos ao mesmo tempo, colocando linhas alternadas de mais de uma cultura no mesmo campo, que juntas alimentam o solo em vez de esgotá-lo. Essas técnicas acabam revivendo o solo esgotado, eliminam a necessidade de fertilizantes, capturam o carbono do ar e o devolvem à terra. Existem aproximadamente meio bilhão de hectares de campos em todo o planeta que foram abandonados devido à exaustão, principalmente nas nações mais pobres do mundo. A agricultura regenerativa pode ajudá-los a se tornarem terras produtivas mais uma vez, enquanto retêm cerca de 20 bilhões de toneladas de carbono.

Além dos campos, há uma onda de agricultores que agora produzem alimentos em espaços que já ocupamos para outros fins. A agricultura urbana é a prática de cultivo comercial de alimentos nas cidades. Agricultores urbanos agora cultivam alimentos em telhados, em prédios abandonados, no subsolo, nos peitoris das janelas de escritórios, nas paredes externas dos prédios da cidade, em contêineres em áreas abandonadas e, até mesmo, acima dos estacionamentos, proporcionando sombra aos carros. As fazendas tendem a usar controle de temperatura, iluminação de baixo consumo de energia e *hidroponia* para maximizar as condições de cultivo e manter a necessidade de adicionar solo, água e nutrientes ao mínimo. Além de fazer um bom uso do espaço desperdiçado, as fazendas urbanas estão no mesmo local que seus clientes, de modo que as emissões de transporte são bastante reduzidas.

Um desenvolvimento em grande escala dessa abordagem é a *agricultura vertical*, em que camadas de plantas diferentes, muitas vezes safras de vegetais, são colocadas uma em cima da outra, iluminadas com LEDs alimentadas por fontes renováveis e recebendo nutrientes por meio de tubos de alimentação. Estabelecer fazendas verticais é caro, mas tem vantagens. Elas multiplicam o rendimento de um hectare em até vinte vezes. Não sofrem com alterações do clima e podem ser ambientes vedados, mantidos livres de herbicidas e pesticidas. Várias operações comerciais já estão em funcionamento, fornecendo alimentos de baixo volume e alto valor, como folhagens, para clientes nas cidades vizinhas.

Com os ganhos que podemos obter com todas essas inovações agrícolas, certamente é possível aumentar os rendimentos das safras em todo o mundo ao mesmo tempo em que reduzimos as emissões. Mas a verdade é que essas melhorias, mesmo quando combinadas com medidas para limitar o desperdício de alimentos, só nos levarão até certo ponto. Para que entre 9 e 11 bilhões de pessoas vivam de forma sustentável na Terra, deve ocorrer uma mudança na nossa alimentação. O que comemos se tornará mais importante do que o quanto comemos. Mais uma vez a natureza pode explicar.

Nas vastas planícies da África, os rebanhos de gazelas-de-thomson passam grande parte de seus dias comendo grama. Para fazer isso, precisam gastar energia localizando os melhores brotos, mordendo e mastigando as bordas externas duras das lâminas para obter o sustento interno. Só comem as lâminas acima do solo, deixando a raiz e o ponto de crescimento abaixo do chão. Perdem mais energia na forma de calor à medida que digerem a grama em seus estômagos, e muitas das fibras da grama passam em grande parte sem serem digeridas por seus corpos e são expelidas como fezes. Como todos os herbívoros, as gazelas são capazes de usar apenas uma parte da energia que as plantas que comem capturaram do Sol. Há uma ineficiência, uma perda de energia entre as plantas e os herbívoros, o que explica por que vacas e antílopes passam grande parte de seus dias comendo.

A perda de energia entre os níveis da cadeia alimentar também ocorre entre herbívoros e carnívoros. Os guepardos são os únicos predadores rápidos o suficiente para pegar a gazela-de-thomson em plena corrida. Passam grande parte do dia procurando oportunidades para fazer isso. Mesmo quando eles começam uma perseguição, não conseguem pegar suas presas na maioria dos casos. E quando têm sucesso, só são capazes de se beneficiar de uma pequena proporção da energia que a gazela absorveu da grama. A maior parte dessa energia já terá sido gasta por ela movendo-se em busca de alimento, interagindo com outros membros do rebanho e, de fato, ficando de olho e fugindo do guepardo. Além disso, o guepardo normalmente comeria apenas a carne da gazela e, portanto, perderia toda a energia armazenada em seus ossos, tendões, pele e pelos.

Essa perda de energia à medida que subimos na cadeia alimentar explica o número de animais que encontramos na natureza. Para cada predador no Serengueti, existem mais de cem presas. As realidades da natureza significam que não é possível que grandes carnívoros sejam comuns.

Nós, humanos, não somos herbívoros nem carnívoros. Somos onívoros, anatomicamente equipados para digerir animais e plantas. Mas, à medida que as pessoas enriquecem no mundo, há uma tendência de mudança no tamanho e no equilíbrio de sua dieta. Essas pessoas comem mais carne a cada ano, e isso está no cerne de nossa demanda insustentável por terras agrícolas. Quando eu era jovem, a comida era relativamente cara. Comíamos menos do que normalmente comemos agora e, certamente, comíamos menos carne. A carne era um deleite raro. Só muito recentemente é que se tornou um alimento diário para muitas pessoas à medida que o mundo ficou mais rico. A produção de carne também se industrializou, derrubando os preços. Como grande parte do nosso consumo, a ingestão de carne não está distribuída uniformemente pelo mundo. Hoje, a pessoa média nos Estados Unidos come mais de 120 kg de carne por ano. As pessoas nos países europeus comem entre 60 kg e 80 kg por ano. O queniano médio come 16 kg de carne, e a pessoa média na Índia, uma nação em que o vegetarianismo é comum por causa de crenças religiosas, come menos de 4 kg por ano.[61]

Um pedaço de carne em nossa mesa requer uma grande extensão de terra para sua produção. Hoje, quase 80% das terras agrícolas em todo o

Gazela-de-thomson *Eudorcas thomsonii*.

mundo são usadas para a produção de carne e laticínios — 4 de nossos 5 bilhões de hectares de terras agrícolas, uma área que cobriria a América do Norte e a do Sul. Surpreendentemente, grande parte desse espaço não tem gado, sendo dedicado a culturas como a soja, muitas vezes cultivada em um país diferente exclusivamente para alimentação de gado, galinhas e porcos. Portanto, o espaço que o gado realmente requer pode não ser conhecido. Aqueles que vivem em nações mais ricas podem pedir carne criada em seu país, mas parte da ração para esses animais provavelmente terá se originado de nações tropicais que estão destruindo suas florestas e pastagens para cultivar alimentos para eles. É principalmente nessas nações tropicais que a expansão das terras agrícolas ainda está acontecendo, e o apetite crescente do mundo por carne é uma das principais causas.

De todas as carnes, a bovina é, em média, a que mais danos causa. A carne bovina representa cerca de um quarto da carne que comemos e apenas 2% de nossas calorias; no entanto, dedicamos 60% de nossas terras agrícolas para criá-la. A produção de carne bovina ocupa quinze vezes mais terra por quilograma do que a carne de porco ou frango. Simplesmente não será possível para todas as pessoas no futuro comerem a quantidade de carne que hoje é consumida nas nações mais ricas. Não temos terras suficientes para isso.

Diversas pesquisas já foram realizadas para deduzir que tipo de dieta seria justa, saudável e sustentável — boa para as pessoas e para o planeta. A opinião universal é que, no futuro, teremos de mudar para uma dieta que seja amplamente à base de plantas, com muito menos carne, especialmente carne vermelha.[62] Isso não apenas reduzirá a quantidade de espaço de que precisamos para terras agrícolas e produzirá menos gases do efeito estufa, mas também será muito mais saudável para nós. Estudos sugerem que, se adotarmos uma dieta com menos carne, as mortes por doenças cardíacas, obesidade e alguns tipos de câncer poderão cair em até 20%, economizando 1 trilhão de dólares em saúde em todo o mundo até 2050.[63]

No entanto, comer carne e criar animais é uma parte importante da cultura, das tradições e da vida social de muitas pessoas. A produção de carne também fornece meios de subsistência para centenas de milhares de pessoas em todo o mundo, e, em muitas áreas, não há alternativa no momento.

Como faremos a transição de nosso estado atual para uma existência amplamente baseada em plantas? Em minha opinião, essa é a segunda grande mudança social que teremos de realizar nas próximas décadas. Junto com a eliminação dos combustíveis fósseis de nossas vidas, também reduziremos nossa dependência de carne e laticínios. Na verdade, isso já começou a acontecer. Pesquisas recentes mostram que um terço dos britânicos interrompeu ou reduziu o consumo de carne e 39% dos norte-americanos estão ativamente tentando comer mais alimentos vegetais.[64] Uma tendência semelhante foi encontrada em muitas outras nações. Na verdade, nos últimos anos, sem tomar nenhuma decisão repentina, fui gradualmente parando de comer carne. Não posso fingir que tenha sido proposital, nem mesmo que me sinta virtuoso por ter feito isso, mas fiquei surpreso ao perceber que não sinto falta. Toda a indústria de alimentos está desenvolvendo maneiras de acomodar essa tendência.

As maiores redes de fast-food e supermercados agora oferecem *proteínas alternativas*, alimentos que têm a aparência, a textura e o sabor de carne ou laticínios, mas não apresentam os problemas de bem-estar animal ou os impactos ambientais da pecuária. Alternativas à base de plantas para leite, queijos, frango e hambúrguer são agora muito fáceis de encontrar, e algumas delas são notáveis aproximações do original e podem oferecer todos os nutrientes de que precisamos. Embora a soja seja um ingrediente comum nesses produtos, ao escolhermos comê-la nós mesmos, estamos assumindo a posição de herbívoros em vez de carnívoros, e, portanto, é muito menos prejudicial ao meio ambiente do que comer animais alimentados com soja.

Em algum momento, *carnes limpas* chegarão às prateleiras. São produtos cultivados a partir de tecido animal genuíno como culturas de células independentes. Como a produção de carne limpa não envolve a criação de gado, é muito eficiente. As culturas são alimentadas com um meio de crescimento refinado feito de nutrientes essenciais. Não exigem muita água, energia ou espaço para serem produzidas, e há muito menos questões de bem-estar animal.

Mais à frente ainda, existe a possibilidade de avanços na biotecnologia que nos permitirão usar micro-organismos para produzir quase todas as proteínas ou alimentos orgânicos complexos necessários. Alguns deles podem ser produzidos adicionando pouco mais do que ar e água, e ser alimentados por energia renovável.

No momento, o custo de produção da maioria dessas proteínas alternativas ainda é muito alto, já que a tecnologia ainda precisa ser refinada e nem todas foram comprovadas como adequadas para o consumo humano. Outras foram criticadas por serem excessivamente processadas. Mas tudo sugere que, assim que se tornarem tão baratas quanto a produção de carne bovina, frango, porco, laticínios e peixes, haverá uma revolução em nossas cadeias de abastecimento de alimentos.[65] A maior parte dos alimentos facilmente substituíveis, como carne moída, salsicha, peito de frango e produtos lácteos, pode mudar para proteínas alternativas dentro de décadas. Mesmo que mais itens especializados, como bifes, queijos finos e iguarias curadas, permaneçam sendo produzidos por métodos tradicionais, a população humana será capaz de se alimentar usando muito menos terra, muito menos energia e água, e emitindo muito menos gases do efeito estufa. A revolução da proteína alternativa poderá ser um impulso significativo para nossos esforços de sermos sustentáveis na Terra.

A Organização das Nações Unidas para a Alimentação e a Agricultura estima que, apenas com a taxa atual de melhorias na eficiência agrícola, alcançaremos *o pico de terras cultiváveis* por volta de 2040.[66] Nesse ponto, pela primeira vez desde que inventamos a agricultura, há 10 mil anos, podemos parar de ocupar mais espaço na Terra. Contudo, ao aumentar radicalmente a produção de maneiras sustentáveis, regenerando terras degradadas, cultivando em novos espaços, reduzindo a carne em nossa dieta e nos beneficiando da eficiência das proteínas alternativas, poderemos ir muito mais longe e começar a reverter a apropriação de terras. As estimativas sugerem que seria possível para a humanidade se alimentar usando apenas metade das terras que cultivamos atualmente — uma área do tamanho da América do Norte — e isso seria muito valioso, porque temos uma necessidade urgente de que toda essa terra seja liberada. É onde poderemos dedicar nossos maiores esforços para aumentar a biodiversidade e capturar carbono. E os agricultores, que terão sido os mais afetados pela revolução limpa e verde que está acontecendo ao redor deles, têm um papel fundamental a desempenhar.

Renaturalizar a terra

A certa altura, grande parte da velha Europa estava coberta por uma floresta escura e profunda. Para as pequenas e incipientes comunidades agrícolas espalhadas por todo o continente, a floresta era considerada uma espécie de inimiga, uma barreira para suas tentativas de estabelecer seus fracos campos e se alimentarem; um lugar para temer, assombrado por espíritos estranhos e feras selvagens. Elas contavam histórias para seus filhos à noite, avisando-os para nunca se perderem na floresta. Os lobos os comeriam. A floresta iria confundi-los com sua magia, e eles se perderiam para sempre. As bruxas estavam esperando lá dentro. Lenhadores e caçadores que conquistaram a floresta foram considerados heróis. A floresta selvagem, com seu crescimento implacável sepultando princesas adormecidas e opressores castelos vazios, era o vilão sempre presente.

Os fazendeiros lutaram contra a floresta com todas as suas forças, queimando e derrubando fileiras de castanheiras, olmos, carvalhos e pinheiros, expulsando-os da margem do rio e subindo as encostas do vale. Mataram as feras que viviam dentro dela e penduraram suas cabeças como troféus na parede. Aprenderam a modificar as árvores, cortando freixos, avelãs e salgueiros até a base para criar um emaranhado de troncos longos e delgados para fazer cercas, tetos e balaústres. Suas fazendas e seus números cresceram. O medo diminuiu. A floresta foi domesticada.

O desmatamento é algo que nós, humanos, fazemos. É um emblema de nosso domínio. A relação entre o progresso e a remoção da floresta é tão estreita que existe um modelo reconhecido para defini-la. A *transição florestal* descreve o desmatamento e depois o *reflorestamento* que tende a acontecer em uma nação em desenvolvimento ao longo do tempo. Quando a população humana é baixa e dispersa em pequenas comunidades agrícolas de subsistência, é capaz de fazer pouco mais do que fragmentar a floresta. Mas isso leva vento e luz para a mata, mudando seu ambiente interno e afetando a composição de suas espécies. Quanto mais a floresta for fraturada, menos capaz será de sustentar sua comunidade primitiva original.

À medida que os agricultores começam a comercializar seus produtos, uma economia de mercado se instala, as fazendas se transformam em negócios e o número e o tamanho dos campos aumentam. O valor da terra cultivada se eleva rapidamente, e a floresta remanescente torna-se um alvo. A grande floresta é logo reduzida a bolsões de vegetação nativa e faixas perdidas entre os campos. Mas, com o tempo, à medida que as práticas agrícolas melhoram a produtividade, as vilas e cidades atraem cada vez mais população rural para adotar uma vida urbana, e, cada vez mais, colheitas e madeira são importadas do exterior, e há menos necessidade de terras agrícolas. As terras agrícolas marginais são abandonadas primeiro, e a floresta começa seu retorno.

A maior parte da Europa entrou no estágio de reflorestamento dessa transição, no qual a cobertura florestal líquida começa a aumentar, por volta da Segunda Guerra Mundial. O leste dos Estados Unidos, que foi despojado de suas florestas com extraordinária velocidade com a chegada dos europeus, também começou a reflorestar na primeira metade do século XX. Entre 1970 e hoje, o oeste dos Estados Unidos, parte da América Central e partes de Índia, China e Japão também o fizeram. Deve-se notar que uma razão muito significativa para todas essas nações terem sido capazes de reflorestar é porque estão, devido à globalização, importando cada vez mais seus alimentos e madeira de nações menos desenvolvidas, logo não é surpreendente descobrir que os trópicos ainda estão sendo ativamente desmatados. Muitas nações nessas latitudes, pagas pelos mercados de carne bovina, óleo de palma e madeiras nobres nas partes mais ricas do mundo, estão derrubando as florestas mais profundas, escuras e selvagens de todas — as florestas tropicais. Desse modo, devem ser incentivados a concluir a transição da floresta o mais rápido possível? Infelizmente, não podemos esperar. Se a transição florestal nos trópicos seguir seu curso, a perda de carbono para o ar e de espécies para os livros de história seria catastrófica para o mundo inteiro. Devemos deter todo o desmatamento no mundo agora e, com nosso investimento e comércio, apoiar as nações que ainda não derrubaram suas florestas a obter os benefícios desses recursos sem perdê-los.

É mais fácil falar do que fazer. Preservar terras selvagens é uma perspectiva muito diferente de preservar mares selvagens. O alto-mar não pertence a ninguém. As águas domésticas são propriedade de nações com governos capazes de tomar decisões amplas com base no mérito. A terra, por outro lado, é onde vivemos. Está dividida em bilhões de lotes de tamanhos variados, pertencentes, comprados e vendidos por uma série de diferentes empresas comerciais, estatais, comunitárias e privadas. Seu valor é decidido pelos mercados. O cerne do problema é que, hoje, não há como calcular o valor da natureza selvagem e dos serviços ambientais, globais e locais que ela fornece. Cem hectares de floresta tropical em pé têm menos valor no papel do que uma plantação de dendezeiros. Destruir a natureza selvagem é, portanto, visto como algo que vale a pena. A única maneira prática de mudar essa situação é modificar o significado do valor.

O programa REDD+ da ONU é uma tentativa de fazer exatamente isso.[67] É um método de dar um valor adequado às últimas florestas tropicais remanescentes do mundo, fixando o preço da imensa quantidade de carbono que elas armazenam. Isso torna possível oferecer às pessoas e aos governos que as mantêm em seu estado selvagem um pagamento por isso, em parte financiado por compensações de carbono. Em teoria, o REDD+ deveria funcionar. Na prática, entretanto, as complicações de propriedade e valor da terra levantaram questões difíceis. Os povos indígenas protestaram que o REDD+ reduz o valor da floresta a nada mais do que um cifrão e incentiva uma nova forma de colonialismo. O dinheiro que pode ser ganho atraiu os chamados caubóis do carbono de outras nações, que se lançam para garantir participações em terras da floresta tropical à medida que elas ganham valor. Outros temem que, ao criar um sistema em que o carbono possa ser compensado nos trópicos, a grande indústria use o REDD+ como uma forma de justificar a continuidade do uso de combustíveis fósseis.

É um fato triste que, quando algo se torna valioso, leve a mais ganância da humanidade. À medida que o REDD+ aprende com seus projetos existentes na América do Sul, na África e na Ásia, a expectativa é de que descubra como melhorar sua abordagem. Precisamos de algo como o REDD+. É uma tentativa corajosa de abordar uma desvalorização fundamental da natureza, e temos que perseverar. Sua verdade essencial é algo que todos entendemos instintivamente. As últimas florestas, pântanos, pastagens e bosques da Terra são, de fato, inestimáveis. São os estoques de carbono que não podemos desbloquear. Oferecem serviços ambientais dos quais não podemos prescindir. São o lar de uma biodiversidade que não devemos perder. Como podemos representar tudo isso em nossos sistemas de valores?

Talvez precisemos mudar a moeda. O perigo de precificar a natureza exclusivamente com base na quantidade de carbono que ela captura e armazena é que o carbono, então, torna-se a única coisa que importa para nós. Isso simplifica demais o valor da natureza, mas, pior, pode nos levar a imaginar que as plantações de eucalipto de rápido crescimento são tão valiosas quanto a floresta biodiversa. Podemos escolher usar as terras agrícolas que não são mais necessárias para a produção de alimentos puramente para monoculturas de lavouras de bioenergia em vez de restaurar florestas. A captura e o armazenamento de carbono são extremamente importantes, mas não tudo. Isso não vai impedir a sexta extinção em massa. Para criar um mundo estável e saudável, devemos cuidar da biodiversidade. Afinal, se aumentarmos a biodiversidade, iremos, por padrão, maximizar a captura e o armazenamento de carbono, pois, quanto mais biodiverso for um hábitat, melhor ele fará esse trabalho. Como seria um mundo em que a biodiversidade fosse devidamente valorizada e os proprietários de terras fossem incentivados a aumentá-la, onde e como pudessem?

Seria mágico. Floresta primária, floresta temperada de crescimento antigo, pântanos intactos e pastagens naturais de repente se tornariam os bens imóveis mais valiosos da Terra! Os proprietários dessas terras selvagens seriam recompensados por continuar a protegê-las. O desmatamento pararia imediatamente. Mais que depressa perceberíamos que o melhor lugar para plantar óleo de palma ou soja não é em terras ocupadas por floresta virgem, mas naquelas que foram desmatadas anos atrás — afinal, há muitas.

Seríamos encorajados a encontrar maneiras de usar a natureza pura sem reduzir sua biodiversidade ou sua capacidade de capturar carbono. E essas práticas existem. A pesquisa respeitosa da floresta virgem em busca de moléculas orgânicas desconhecidas que possam levar a novas curas para doenças, materiais industriais ou alimentos poderia ser aceitável — desde que as comunidades locais dessem seu consentimento e o ganho comercial subsequente desses itens gerasse renda para aqueles que protegem a floresta. A extração de madeira sustentável,[68] na qual árvores selecionadas são derrubadas e cuidadosamente removidas a taxas que imitam a renovação natural de uma floresta, seria permitida, pois está demonstrado que isso preserva a biodiversidade.[69] O ecoturismo, que permite que todos experimentem as maravilhas que estão sendo protegidas, pode gerar uma boa renda a lugares selvagens sem um impacto significativo. Na verdade, quanto mais áreas selvagens houver no futuro, mais dispersos os turistas poderão estar.

E haveria um grande impulso para expandir e regenerar todas as terras adjacentes à natureza intocada. As melhores pessoas para liderar essas iniciativas seriam as comunidades locais e indígenas que vivem dentro e ao redor de nossas terras mais selvagens. A experiência em projetos de conservação mostrou que uma mudança positiva só durará no longo prazo se as comunidades locais estiverem totalmente envolvidas no desenvolvimento dos planos e sentirem diretamente os benefícios do aumento da biodiversidade. Uma história do Quênia demonstra isso. Os massai são pastores que, por centenas de anos, tocaram seu gado e suas cabras nas planícies do Serengueti junto à vida selvagem. Eles não comem os animais que vivem a seu redor. Até toleram que predadores locais levem uma parte de seu gado a cada ano. Conforme o Quênia se desenvolveu, a população dos massai cresceu, e o pastoreio excessivo de rebanhos domésticos começou a se tornar um problema. Seus vizinhos, os animais selvagens, começaram a desaparecer. Em resposta, as famílias massai se uniram para criar *unidades de conservação* com o objetivo de trazer de volta a vida selvagem. Elas concordaram em pastorear o gado de forma a promover um mosaico de vegetação, atraindo um maior número e variedade de herbívoros e, portanto, de predadores. À medida que a área de conservação se renaturaliza, as famílias concedem licenças para que safáris de baixo impacto operem em suas terras. O modelo, então, começa a funcionar. Quanto mais a vida selvagem retorna, mais pessoas querem visitar os safáris e mais a comunidade massai ganha. Depois de apenas alguns anos dessa operação, algumas famílias massai começaram a reduzir seus rebanhos de gado para estimular ainda mais a vida selvagem. Quando visitei essas unidades de conservação em 2019, a geração mais jovem explicou que estão começando a valorizar mais os rebanhos selvagens do que os domésticos. Agora, as comunidades massai em terras adjacentes, vendo o sucesso de seus vizinhos, também estão adotando o modelo de conservação. Em algumas décadas, poderá ser possível, por meio de uma rede de áreas protegidas conectadas por corredores de vida selvagem, ter

©SIMON BLAKENEY

Uma família de leões nos Massai Mara, *Dynasties*.

pastagens selvagens que se estendam das margens do lago Vitória até o oceano Índico, simplesmente porque descobriram que a biodiversidade possui um valor genuíno.

Há esperança de que a natureza possa retornar até mesmo às primeiras terras cultivadas na Europa há muito tempo. À medida que a demanda por espaço para a produção de alimentos diminui, os governos europeus estão indicando que podem alterar os subsídios que pagam aos agricultores para recompensá-los pelo uso da terra de uma forma que maximize a biodiversidade e a captura de carbono.[70] Esse novo regime poderia desencadear uma resposta notável em milhões de hectares de terras agrícolas europeias. Podemos esperar ver sebes substituindo cercas. Poderia haver uma explosão na agrossilvicultura, na qual a agricultura acontece debaixo das árvores. Lagoas e cursos d'água poderiam ser restaurados nas fazendas. Pesticidas e fertilizantes, que prejudicam a biodiversidade, começariam a perder sua atração. Os agricultores podem, em vez disso, plantar safras que afastem as pragas animais dos alimentos e adotar técnicas regenerativas para tornar seus solos naturalmente ricos.

Essa abordagem selvagem da agricultura pode encontrar seus defensores mais fortes entre os produtores de carne. À medida que as pessoas adotam uma *dieta à base de plantas*, talvez elas se tornem mais seletivas com relação à pouca carne que compram, buscando qualidade em vez de quantidade. As pessoas podem procurar carne de vaca, cordeiro, porco e frango criados de forma a capturar carbono e promover a vida selvagem. Em resposta, os criadores de animais podem escolher mudar dos confinamentos de alimentação intensiva e fazendas de criação de galinhas usando ração importada para práticas como *silvopastura*, em que os animais são criados durante todo o ano em florestas recuperadas. O volume de produção é muito menor do que o da agricultura intensiva, mas o produto ecologicamente correto pode render um bônus. As árvores nos campos mais do que compensam as emissões dos animais e fornecem a sombra e o abrigo necessários para melhorar sua saúde e produção. Os animais, em troca, fertilizam os solos e mantêm as plantas indesejáveis afastadas.

A silvopastura funciona tão bem simplesmente porque copia um estado natural. Nos tempos pré-históricos, muito antes de a Europa ter densas florestas, era uma terra de pastagens de madeira, um mosaico de matas virgens frequentemente dividido por prados. Essa paisagem foi criada pela pastagem de uma comunidade de gado selvagem gigante e feroz conhecido como auroque, cavalos selvagens chamados tarpã, rebanhos de bisões europeus, alces e javalis — todos os animais representados nas paredes das cavernas na França. É uma comunidade natural que dois criadores de gado aventureiros têm tentado imitar no sul da Inglaterra.

Em 2000, Charlie Burrell e Isabella Tree começaram uma experiência em sua fazenda de 1.400 hectares, a Knepp Estate.[71] Diante da falência devido aos custos crescentes de máquinas e agroquímicos em suas terras marginais, eles decidiram abandonar a agricultura comercial que vinham praticando durante toda a vida e devolver sua fazenda à vida selvagem. Abriram os campos, selecionaram raças de gado, pôneis, porcos e veados que melhor copiavam a mistura de espécies que estariam presentes na terra milhares de anos antes, e deixaram que se misturassem e vagassem livremente, o ano todo, sem suplementos. Ao misturar herbívoros naturalmente dessa forma, começaram a imitar as interações na natureza selvagem. Lá, zebras e gnus trabalham juntos para pastar as planícies. A zebra pega a grama mais alta e dura, deixando o gnu com a mais macia e frondosa, que é capaz de digerir. Estudos têm mostrado que, quando o gado é alimentado com os burros dessa maneira, eles podem ganhar muito mais peso como resultado de se alimentarem juntos do que quando mantidos separados. Esse e muitos outros efeitos complementares operam em um hábitat selvagem. Eles são fundamentais para determinar a direção futura de uma paisagem e começaram a transformar a fazenda Knepp. Os animais, agindo juntos como os animais selvagens da Inglaterra pré-histórica, começaram a transformar os campos uniformes em novos pântanos, matagais, charnecas e bosques. Como resultado, a biodiversidade da fazenda explodiu. Em apenas quinze anos, tornou-se um dos melhores lugares da Inglaterra para encontrar várias plantas, insetos, morcegos e pássaros nativos raros.

A *fazenda selvagem* de Charlie e Isabella ainda produz comida. A cada ano, eles determinam o número de animais que a paisagem em mudança pode suportar e caçam o excedente. Estão, na verdade, fazendo o trabalho de predador principal.

Tarpã/ Cavalo selvagem da Eurásia *Equus ferus*.

Knepp não é um projeto de conservação, pois não tem uma meta ou espécie-alvo que deseja beneficiar. Simplesmente permite que os animais sejam os condutores da paisagem, e estão fazendo um excelente trabalho. Além de sua diversidade recorde, a fazenda agora está sequestrando toneladas de carbono em seus solos enriquecidos, e suas mudanças nos cursos d'água estão mitigando inundações. Indiscutivelmente, a Knepp Estate, uma fazenda de gado em funcionamento, é agora o mais próximo à antiga e selvagem Grã-Bretanha que pode ser encontrado em qualquer lugar. Há muitas pessoas ansiosas para visitar o local. Ecossafáris e acampamento selvagem aumentaram a receita de carne e subsídios, e a fazenda finalmente é lucrativa.

Fazendas selvagens podem se tornar comuns em uma era em que a biodiversidade é devidamente recompensada. Qualquer mistura de animais que servisse como substituto para a comunidade nativa faria com que o hábitat voltasse ao seu estado natural. Se o turismo não for uma opção para complementar a renda, talvez os agricultores possam recorrer a outros meios de subsistência, como a geração de energia limpa. As gigantescas turbinas eólicas que são fabricadas hoje podem ficar sobre uma pastagem aberta ou mesmo, como demonstrado na Alemanha, sobre uma floresta, sem perturbar o desenvolvimento da vida selvagem. Os criadores de animais do futuro poderiam, com o apoio certo, ser mais do que produtores de alimentos. Eles poderiam se tornar engenheiros de solo, negociantes de carbono, silvicultores, guias turísticos, fornecedores de energia e curadores da natureza — guardiães especializados em colher o potencial natural e o valor sustentável de suas terras.

É possível imaginar que, com a motivação certa, a abordagem da fazenda em áreas selvagens poderia ser ampliada para mudar paisagens inteiras. Com a biodiversidade, quase sempre acontece que uma área maior gera recompensas ainda maiores. Se os proprietários de terras vizinhas concordarem em dividir suas receitas, poderão se unir, criando enormes parques sem fronteiras, semelhantes em muitos aspectos às unidades de conservação massai. Comunidades de proprietários de terras já estão unindo centenas de milhares de hectares em projetos para aumentar a biodiversidade nas Grandes Planícies da América do Norte e nos íngremes vales cobertos por florestas dos Cárpatos na Europa.[72] É possível.

Quando se trabalha em grande escala, surge a oportunidade para a mais espetacular e controversa das ambições de renaturalização — a reintrodução de grandes predadores. Em um mundo em que o ganho de biodiversidade e a captura de carbono são recompensados, isso pode fazer sentido, desde que haja espaço suficiente, devido aos benefícios de algo chamado de *cascata trófica*. O exemplo mais famoso foi registrado no Parque Nacional de Yellowstone após a reintrodução dos lobos em 1995. Até a volta dos lobos, os grandes rebanhos de cervos passavam longas horas comendo arbustos e mudas que cresciam nos vales dos rios e desfiladeiros. Quando os lobos chegaram, isso parou, não porque os lobos comiam muitos cervos, mas porque os assustaram. A rotina dos rebanhos de cervos mudou. Agora eles se mudavam com frequência e não ficavam muito tempo em locais abertos. Em seis anos, as árvores voltaram a crescer, protegendo a água, permitindo que os peixes se juntassem sem serem vistos. Álamos, arbustos de salgueiro e choupo brotavam no solo e nas laterais dos vales abertos. O número de pássaros da floresta, castores e bisões aumentou. Os lobos também caçavam coiotes, então as populações de coelhos e camundongos cresceram, assim como o número de raposas, doninhas e falcões. Finalmente, até mesmo os ursos aumentaram em número, pois se beneficiavam ao comer as carcaças das matanças dos lobos. No outono, eles se banqueteavam com os frutos das árvores e arbustos que, de outra forma, nunca teriam frutificado.[73]

A conclusão é clara: para ganhar biodiversidade e capturar carbono em uma paisagem como Yellowstone, basta adicionar lobos. Esse pensamento está ativo nas mentes dos europeus, que agora planejam lidar com os 20 a 30 milhões de hectares de terras agrícolas abandonadas que passarão pela transição para florestas no continente até 2030. É uma área do tamanho da Itália. Se as florestas estão prestes a retornar às fazendas por meio de regeneração natural, seria melhor que fossem tão biodiversas e eficientes em carbono quanto possível. O retorno da natureza está se tornando uma opção prática de política para governos que entendem o verdadeiro valor da natureza e sua contribuição para a estabilidade e o bem-estar.

Todos os incentivos estão definidos para criar um mundo muito mais selvagem no final deste século do que havia no início. Os céticos precisam

Tucano-de-bico-de-quilha, Boca Tapada, San Carlos, Costa Rica.

apenas olhar para a Costa Rica para entender o que é possível com as motivações corretas. Um século atrás, mais de três quartos da Costa Rica estavam cobertos por florestas, grande parte delas tropicais. Na década de 1980, a exploração madeireira descontrolada e a demanda por terras agrícolas reduziram a cobertura florestal do país para apenas um quarto. Preocupado com o fato de que o desmatamento contínuo reduziria os serviços ambientais de suas terras selvagens, o governo decidiu agir, oferecendo subsídios aos proprietários para replantar árvores nativas. Em apenas 25 anos, a floresta voltou a cobrir metade da Costa Rica mais uma vez. Suas terras selvagens agora representam um componente significativo da renda da nação e têm um papel central em sua identidade.

Imagine se conseguirmos isso em escala global. Um estudo de 2019 sugeriu que o retorno das árvores poderia teoricamente absorver até dois terços das emissões de carbono que permanecem na atmosfera por nossas atividades.[74] A renaturalização da terra está ao nosso alcance e é, sem dúvida, algo valioso a fazer. Criar áreas selvagens em toda a Terra traria de volta a biodiversidade, e esta faria o que faz de melhor: estabilizar o planeta.

Planejar o pico humano

Até este ponto, meu foco estava em reduzir a pegada de nosso consumo e permitir que a natureza retorne de tantas maneiras significativas quanto possível. Se adotarmos todas essas medidas, certamente teremos muito menos impacto geral na Terra. Mesmo os mais afortunados na vida, que atualmente têm as maiores pegadas, estarão mais próximos de uma existência sustentável. Logo, o impacto de toda a nossa espécie seria mais igualmente distribuído. No entanto, para garantir a grande ambição do Modelo *Donut*, um mundo estável no qual todos recebem uma parte justa de seus recursos finitos, temos que levar em consideração o nível de nossa própria população.

Quando eu nasci, havia menos de 2 bilhões de pessoas no planeta — hoje há quase quatro vezes esse número. A população mundial continua crescendo, embora em um ritmo mais lento do que em qualquer época desde 1950. Nas projeções atuais da ONU, haverá entre 9,4 e 12,7 bilhões de pessoas na Terra em 2100.[75]

Na natureza, as populações de animais e plantas em qualquer hábitat permanecem, de modo geral, estáveis em tamanho ao longo do tempo, em equilíbrio com o resto da comunidade. Se muitos estiverem vivos ao mesmo tempo, cada indivíduo terá mais dificuldade para obter o que precisa do hábitat e alguns morrerão ou terão de deixá-lo. Se poucos nascerem, haverá mais do que o suficiente para todos. Assim, eles se reproduzirão bem, e a espécie atingirá seu potencial máximo mais uma vez. Aumentando e diminuindo ligeiramente, a população de cada espécie oscila em torno de um número que o hábitat pode sustentar indefinidamente. Esse número — a *capacidade de carga* de um ambiente para uma espécie particular — representa a própria essência do equilíbrio na natureza.

Qual é a capacidade de carga humana da Terra? Apesar de propostas fundamentadas e advertências temerosas de grandes pensadores ao longo da história, nunca encontramos nosso limite natural. Sempre parecemos inventar ou descobrir novas maneiras de usar o meio ambiente para fornecer mais do que é essencial — comida, abrigo, água — para cada vez mais pessoas. Na verdade, é mais impressionante do que isso. Sustentamos sem esforço muito mais do que o essencial — escolas, lojas, entretenimento, instituições públicas — ao mesmo tempo em que aumentamos nossa população a uma velocidade extraordinária. Não há nada que irá nos impedir?

A catástrofe que se desenrola ao nosso redor certamente sugere que sim. A perda de biodiversidade, as mudanças climáticas, a pressão sobre os limites planetários, tudo aponta para a conclusão de que estamos finalmente nos aproximando rapidamente da capacidade de carga da Terra para a humanidade. A cada ano, desde 1987, um Dia da Sobrecarga da Terra é anunciado — uma data ilustrativa no calendário em que o consumo da humanidade durante o ano excede a capacidade da Terra de regenerar esses recursos naqueles doze meses. Em 1987, estávamos ultrapassando os recursos da Terra em 23 de outubro. Em 2019, foi em 29 de julho. A humanidade agora gasta o equivalente a 1,7 vez o que a Terra pode regenerar em um único ano.[76] Embora 60% desse valor seja o resultado de nossa pegada de emissões de carbono, dá uma indicação clara de como nossa demanda sobre a natureza se tornou excessiva. Essa sobrecarga é o cerne de nossa insustentabilidade — estamos distorcendo a capacidade de carga da Terra ao consumir o capital de seus recursos. A catástrofe que se aproxima é o que acontece quando o planeta exige o pagamento de nosso cheque especial.

Ao reduzir o impacto do nosso consumo de todas as formas descritas anteriormente, iremos efetivamente aumentar a capacidade de carga da Terra mais uma vez, para que mais de nós possamos compartilhar este planeta. Entretanto, claramente, para dar a todos a parte que merecem e melhorar a vida de todo mundo, conforme exige o Modelo *Donut*, é importante que o crescimento da população humana se estabilize. Felizmente, as evidências mostram que melhorar a vida de todos faz exatamente isso.

Transição demográfica é um termo usado por geógrafos para descrever o caminho que as nações percorrem durante seu desenvolvimento econômico. Tem quatro etapas, embora muitas nações ainda não tenham concluído todas elas. O progresso durante a transição é marcado por mudanças nas taxas de natalidade e mortalidade. Conforme os países se movem ao longo do caminho, experimentam um *boom* populacional, seguido por um nivelamento para um platô estável — uma maturação, por assim dizer. O Japão passou por essa transição durante o século XX. Durante milênios, o país esteve no estágio um da transição — uma sociedade pré-industrial, baseada na agricultura, sujeita a desastres de secas, inundações e doenças infecciosas. A taxa de natalidade era alta, mas a de mortalidade também, então a população mudou muito pouco, crescendo lentamente ao longo dos séculos. Em 1900, entretanto, o Japão estava se industrializando com rapidez. Os governos japoneses do século XIX, determinados a evitar serem colonizados pelas nações europeias, embarcaram em uma política de "país rico/ militar forte". Enormes investimentos em ciência, engenharia, transporte, educação e agricultura transformaram a sociedade japonesa. A industrialização levou o Japão ao estágio dois, no qual a taxa de natalidade permanece alta, mas a de mortalidade cai. A melhoria na produção de alimentos, em educação, saúde e saneamento da industrialização levou a um forte declínio na taxa de mortalidade do país. Como as mulheres ainda tinham muitos filhos como sempre — geralmente quatro, cinco ou seis —, a população do Japão começou a aumentar e dobrou, entre 1900 e 1955, para 89 milhões de pessoas.

Modelo de Transição Demográfica

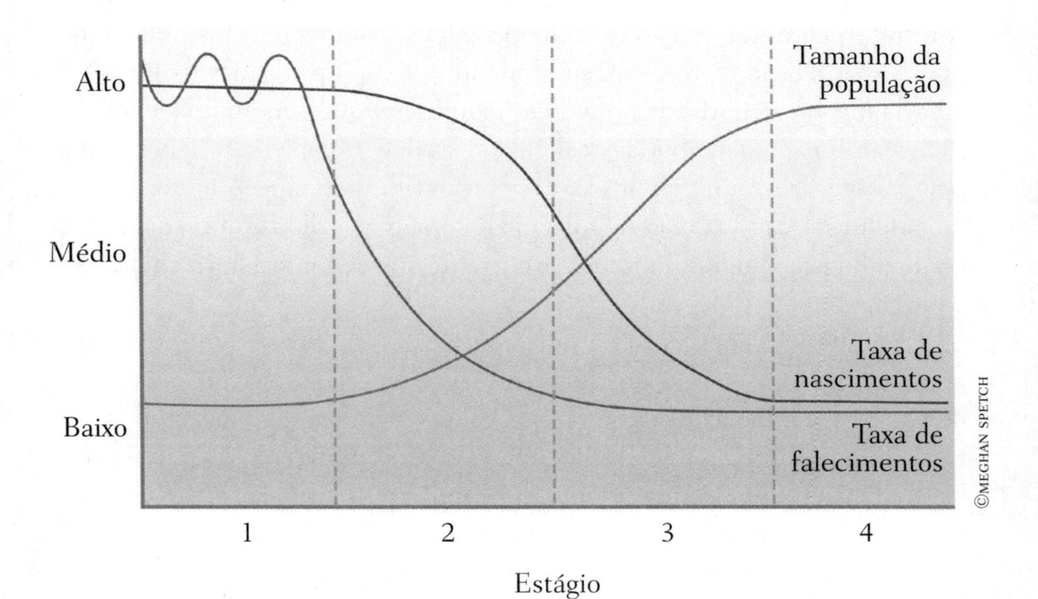

Imediatamente após a Segunda Guerra Mundial, como uma potência derrotada supervisionada pelos Aliados, o Japão foi forçado a abandonar suas ambições militares e a se reconstruir alinhando-se com a economia global. Quando a Grande Aceleração começou, criando um aumento na demanda por produtos de consumo, como máquinas de lavar, televisores e carros, o Japão estava bem posicionado para se tornar um dedicado fornecedor de tecnologia. Um crescimento milagroso ocorreu entre o início dos anos 1950 e o início dos anos 1970, no qual as cidades cresceram rapidamente, as rendas aumentaram, a educação melhorou e as aspirações cresceram. Mas, de maneira crítica, durante esse período, a taxa de natalidade caiu repentinamente. Em 1975, a família média tinha apenas dois filhos. Muitos aspectos da vida eram melhores para a maioria, mas também eram mais caros. Havia menos espaço, dinheiro e tempo para criar famílias — e havia menos incentivo para famílias grandes porque a mortalidade infantil havia caído com melhorias na dieta e na saúde. O Japão estava passando pelo estágio três, no qual a taxa de mortalidade permanece baixa, mas a de natalidade cai. O *boom* populacional começou a reduzir à medida que o tamanho das famílias diminuía. A curva de crescimento estava chegando a um pico.

Em 2000, a população do Japão era de 126 milhões. Continua igual hoje. Estabilizou-se. O Japão está no estágio quatro da transição — as taxas de natalidade e mortalidade são baixas, o que significa que, mais uma vez, elas se cancelam e a população permanece estável. A explosão populacional no Japão foi um evento temporário e único, em última análise, controlado pelos avanços na sociedade gerados pela Grande Aceleração.

Essa transição demográfica de quatro estágios está acontecendo hoje em todas as nações do mundo. O enorme salto na população humana durante o século XX foi o resultado de centenas de nações que passaram pelos estágios dois e três da transição demográfica. É possível mapear essa transição na população de todo o mundo. A taxa de crescimento da população mundial a cada ano atingiu o pico já em 1962 e, desde então, vem caindo ano a ano. Isso indica que a transição da população mundial, em média, do estágio dois para o estágio três aconteceu naquele ponto. Desde então, o tamanho médio das famílias na Terra caiu pela metade. No início da década de

1960, as mulheres normalmente tinham cinco filhos. Hoje, a média é de 2,5. O mundo está se aproximando do fim do estágio três.[77]

Claro, a grande questão é: quando o mundo chegará ao estágio quatro? Em que momento a população mundial fará o que o Japão fez e atingirá o pico? Será uma ocasião histórica — o dia que aqueles que estudam a população, os demógrafos, chamam de *pico humano*, o momento em que nossa população irá parar de crescer pela primeira vez desde o início da agricultura, há 10 mil anos. Será um marco em nossa jornada para recuperar nosso equilíbrio na Terra.

No entanto, a realidade é que, mesmo ao atingirmos o estágio quatro globalmente, nossa população levará muito tempo para chegar ao seu auge devido ao que o cientista social sueco Hans Rosling chamou de "preenchimento inevitável".[78] Em primeiro lugar, o tamanho da família deve cair o suficiente para que possamos alcançar o *pico de crianças* — o ponto a partir do qual o número de crianças na Terra para de aumentar. Então, temos que esperar que esta, que será a maior geração de crianças de todos os tempos, chegue aos seus vinte e trinta anos — o tempo em que eles terão filhos — antes que a população chegue a um platô. Em essência, somente quando ultrapassarmos o "pico de mães" com o menor tamanho de família possível, a população irá parar de crescer.

Somado a isso, o número total de pessoas na Terra é ainda mais inflado pelo que é, aparentemente, uma tendência positiva da qual certamente faço parte — o aumento da expectativa de vida. À medida que as nações progridem na transição demográfica, a expectativa de vida aumenta rapidamente. No estágio um, quando a mortalidade infantil, as doenças e as dietas pobres são uma parte normal da vida, as pessoas vivem cerca de quarenta anos. No estágio quatro, elas vivem o dobro do tempo. Na verdade, prevê-se que em meados do século haverá o dobro de pessoas com mais de 65 anos do que crianças com menos de cinco anos. O preenchimento inevitável dá à nossa população um grande impulso — o oposto da inércia que experimentou no início do *boom* há um século — e esse impulso torna improvável que cheguemos ao pico humano neste século. Em 2019, a Divisão de População das Nações Unidas publicou suas últimas projeções para a população humana global. Indicaram que, se a transição demográfica do globo ocorrer como esperamos, a população humana atingirá o pico no início do século XXII com cerca de 11 bilhões de pessoas, 3,2 bilhões a mais do que hoje. Devido à natureza da curva, há relativamente pouco aumento na população a partir de 2075, um momento apenas 55 anos no futuro. Mas existe uma maneira de conseguir fazer com que o pico seja atingido ainda mais cedo e seja menor?

A China achou que tinha a resposta em 1980, quando implementou sua política do filho único. Além das questões morais, da dificuldade de administrar a política e da ruptura social e cultural associada a ela, há poucas evidências de que essa abordagem funcione mais rápido do que o desenvolvimento econômico. No tempo em que o tamanho médio da família na China caiu de seis filhos para pouco mais de um, a vizinha Taiwan experimentou uma queda maior sem seguir a política de filho único, puramente como consequência de passar por sua transição natural em alta velocidade.[79] Parece que a melhor forma de estabilizar a população é apoiar as nações que buscam acelerar sua transição demográfica. Em termos práticos, isso significa ajudar as nações menos desenvolvidas a alcançarem as ambições do Modelo *Donut* o mais rápido possível, apoiando as pessoas a saírem da pobreza, construindo redes de saúde, sistemas de educação, melhoria nos transportes e segurança energética, tornando essas nações atraentes para o investimento — qualquer coisa, na verdade, que melhore a vida das pessoas. Entre todas essas melhorias sociais, uma em particular reduz significativamente o tamanho das famílias — o empoderamento das mulheres.[80] Onde quer que as mulheres tenham direito a voto, onde quer que as meninas permaneçam na escola por mais tempo, onde quer que as mulheres sejam responsáveis por suas próprias vidas e não sejam comandadas pelos homens, onde quer que tenham acesso a bons cuidados de saúde e à contracepção, onde quer que sejam livres para aceitar o trabalho que quiserem e cresçam suas aspirações de vida, a taxa de natalidade cai. A razão para isso é simples — o empoderamento proporciona liberdade de escolha, e, quando a vida oferece mais opções para as mulheres, a escolha delas costuma ser ter menos filhos. Quanto mais veloz e plenamente as mulheres forem empoderadas, mais rápido uma nação passará do estágio três para o quatro.

Esse empoderamento pode assumir muitas formas. Em partes da Índia rural, apenas 40% das meninas vão à escola depois dos catorze anos. A distância até o colégio costuma ser tão grande, que as adolescentes descobrem que não conseguem ir e vir da escola durante o dia e ainda terem tempo para fazer as tarefas domésticas exigidas. Vários governos estaduais e projetos de caridade forneceram centenas de milhares de bicicletas gratuitas em resposta, e a liberdade que elas proporcionam melhorou radicalmente a frequência das meninas. Agora é comum ver garotas pedalando em grupos entre as áreas rurais da Índia, conseguindo terminar seus estudos.

Uma pesquisa do Centro Wittgenstein, na Áustria, demonstrou como um forte esforço multinacional para elevar os padrões de educação em todo o mundo mudaria drasticamente o curso do crescimento da população humana.[81] Em uma de suas previsões, eles calcularam o que aconteceria se os sistemas de educação nas nações mais pobres do mundo melhorassem tão rapidamente neste século quanto ocorreram nas nações que se desenvolveram de forma mais célere no século passado. Nesse nível acelerado, o pico humano ocorrerá em 2060, em um nível de 8,9 bilhões de pessoas. Essa é uma revelação surpreendente — simplesmente investindo em sistemas sociais e educacionais, podemos ser capazes de reduzir o pico da população humana em mais de 2 bilhões de pessoas e adiantá-lo em cerca de cinquenta anos. Mesmo que haja alguns erros nas suposições, esse modelo combinado com exemplos do mundo real certamente nos dá um caminho claro para ajudar as perspectivas de toda a humanidade, melhorando as vidas daqueles que mais precisam.

Tirar as pessoas da pobreza e empoderar as mulheres é a maneira mais rápida de acabar com esse período de rápido crescimento populacional. E por que não iríamos querer fazer essas coisas? Não se trata apenas do número de pessoas no planeta. Trata-se de comprometer-se com um futuro justo para todos. Dar às pessoas uma oportunidade maior na vida é certamente o que todos nós gostaríamos de fazer de qualquer maneira. É uma solução maravilhosa em que todos ganham e é um tema recorrente no caminho para a sustentabilidade. As coisas que temos de fazer para renaturalizar o mundo tendem a ser aquelas que deveríamos estar fazendo de qualquer maneira.

Quando finalmente atingirmos o pico humano, será um evento significativo. No entanto, não será necessariamente o fim da jornada. Há algumas evidências de que a transição demográfica tenha um estágio cinco. A população do Japão está agora em declínio. A previsão é de que até a década de 2060 chegue a 100 milhões de pessoas, quase o mesmo número que havia no país nos anos 1960. À medida que diminui, a população do Japão também envelhece — haverá uma proporção crescente de pessoas mais velhas. Economicamente, isso representa um problema significativo. Uma população ativa reduzida terá de apoiar um número crescente de idosos. Na verdade, esse processo já começou e, como um dos primeiros países do mundo a enfrentar esse quinto estágio de transição, há um grande questionamento no Japão sobre o que fazer. O imperativo atual de crescimento infinito do PIB incentiva os políticos a pedir que as pessoas tenham mais bebês para fornecerem mais trabalhadores futuros, ou exigir que japoneses aposentados voltem a trabalhar para ajudar na carga tributária dos que estão na meia-idade. Outros sugerem que o Japão, mais do que ninguém, deveria ser capaz de construir robôs e inteligência artificial para ajudar a manter a economia. Se realizarmos uma transição para uma economia mundial que seja menos dependente do crescimento, seria de se esperar que o impulso implacável para o desempenho econômico diminuísse e o Japão, seguido por todas as outras nações, encontrasse um equilíbrio confortável com menos pessoas em um mundo mais maduro e confiável.

Ao trabalhar duro agora para melhorar a vida de tantas pessoas o máximo possível, os modelos mais otimistas sugerem que a população humana poderá retornar ao nível que está hoje no final deste século. Depois disso, talvez nossa população continue sendo reduzida em um ritmo suave, com a sociedade global exigindo menos do nosso mundo e ajudando a atender às suas necessidades com soluções tecnológicas, como sempre fez.

No entanto, temos uma jornada muito longa e formidável a fazer para chegar até esse ponto sem catástrofe. O preenchimento inevitável, o aumento do número de humanos ainda por vir ao longo de muitos anos, acarreta outra inevitabilidade — as decisões que tomamos hoje são ainda mais críticas. Precisamos que todos se alinhem e trabalhem duro para criar um padrão de vida justo e decente o mais rápido possível.

O programa de bicicletas da Fundação Mann Deshi ajuda meninas nas áreas rurais da Índia a frequentarem a escola.

Adotar vidas mais equilibradas

Uma revolução na sustentabilidade, um impulso para renaturalizar o mundo e iniciativas para estabilizar nossa população nos realinhariam como uma espécie em harmonia com o mundo natural que nos cerca. Como isso afetaria nossas próprias vidas individuais? Em um futuro próspero e sustentável, seguiríamos uma dieta amplamente baseada em vegetais, repleta de alternativas mais saudáveis à carne. Usaríamos energia limpa para todas as nossas necessidades. Nossos bancos e fundos de pensão investiriam apenas em negócios sustentáveis. Aqueles que optarem por ter filhos provavelmente terão famílias menores. Poderíamos escolher produtos de madeira, alimentos, peixes e carnes com atenção, com informações detalhadas disponíveis em cada compra. Nosso desperdício seria mínimo. O pouco carbono que nossas atividades ainda emitiriam seria compensado automaticamente no preço de venda, financiando projetos de reflorestamento em todo o mundo.

Na verdade, seria mais fácil do que é hoje para nós, neste futuro potencial, viver em equilíbrio com o mundo natural. Os líderes empresariais e políticos seriam compelidos a construir produtos e sociedades que ajudassem a todos a ter um impacto menor. Tomemos, por exemplo, o tratamento de resíduos. Lembro-me de uma época antes da sociedade do descartável que temos hoje, quando consertávamos e reutilizávamos, quando tínhamos pouco ou nenhum plástico e a comida era um bem precioso. O hábito atual de jogar tudo fora, mesmo que em um planeta finito não exista algo como "fora", é uma coisa relativamente nova. Além do fato de que o lixo é um desperdício, quando se acumula, muitas vezes, torna-se prejudicial. O mundo vivo enfrenta o mesmo problema, e, mais uma vez, seremos sábios em copiar suas soluções. Na natureza, os resíduos de um processo tornam-se o alimento do próximo. Todos os materiais são reutilizados em ciclos, envolvendo muitas espécies diferentes, e quase tudo é biodegradável no fim das contas.

Aqueles que estudam possibilidades para uma *economia circular*, como os pesquisadores da Fundação Ellen MacArthur,[82] estão procurando maneiras de trazer a mesma lógica e eficiência para nossas sociedades. A chave para a mentalidade circular é imaginar a substituição do atual modelo de produção de pegar-fazer-usar-descartar por outro em que as matérias-primas sejam pensadas como nutrientes que devem ser reciclados, assim como são na natureza. Então fica claro que nós, humanos, estamos essencialmente envolvidos em dois ciclos diferentes. Tudo o que é naturalmente biodegradável — alimentos, madeira, roupas feitas de fibras naturais — faz parte de um ciclo biológico. Tudo o que não é — plásticos, sintéticos, metais — está envolvido em um ciclo técnico. As matérias-primas dos dois ciclos — as fibras de carbono ou titânio, por exemplo — são elementos que precisam ser reaproveitados. A inteligência está em projetar maneiras de fazer isso.

No ciclo biológico, o desperdício de alimentos é a questão central. Como vimos, a produção de alimentos atualmente envolve o desmatamento, o uso de fertilizantes e pesticidas e o uso de combustíveis fósseis em seu transporte. A comida também é cara, e muitas pessoas no mundo ainda lutam para manter uma dieta saudável. No entanto, globalmente, perdemos e desperdiçamos um terço de todos os alimentos que produzimos.[83] Em países mais pobres, com menos infraestrutura, a maior parte do desperdício ocorre antes de chegar aos mercados devido a perdas na colheita, danos e armazenamento insuficiente. Nos países mais ricos, ocorre principalmente após a colheita. Alguns são descartados devido a imperfeições percebidas; outros, como excedentes por causa de pedidos em excesso, e uma grande quantidade simplesmente não é consumida, mas jogada fora. Em um mundo mais sensato, a infraestrutura e o armazenamento seriam melhorados. As empresas poderiam alimentar o gado com os resíduos ou enviá-los para fazendas de insetos que criam moscas que alimentam peixes ou são transformadas em ração animal. Poderiam usar os resíduos mais fibrosos, como cascas de nozes, como combustível em combinação com restos da indústria madeireira para criar calor e eletricidade. Ao fazer essas coisas, poderiam capturar o carbono que escaparia e armazená-lo. Podem até mesmo assar os resíduos em um ambiente sem oxigênio para criar *biochar*, uma massa semelhante ao carvão que pode ser usada como material de construção, um combustível de baixo carbono ou aditivo para solos que os enriquece e retém o carbono sob a superfície.

No ciclo técnico, muitas das eficiências circulares vêm da coordenação do design de produtos. As empresas que produzem itens de plástico, sintéticos e metais poderiam fabricá-los para durar em vez de funcionarem por apenas alguns anos. Poderiam construir componentes de forma que fossem facilmente removidos, desmontados, reformados e atualizados. A fabricação teria de se tornar muito mais padronizada para que os componentes pudessem ser feitos por vários fornecedores e trocados. Todas as linhas de produtos deveriam ter um plano para o abastecimento inteligente e os destinos posteriores de todos os elementos envolvidos. Alguns acreditam que a abordagem cíclica geraria novos relacionamentos entre clientes e empresas, de modo que os primeiros simplesmente alugariam máquinas de lavar e televisores de um fabricante, como fazem com os aparelhos de telefone hoje, embora com uma ênfase muito maior em consertar e reciclar.

Nos dois ciclos, quaisquer materiais ou produtos químicos que não possam ser reciclados, ou que sejam inerentemente perigosos para o meio ambiente, seriam removidos da economia com o tempo. Os principais são os hidrofluorcarbonos sintéticos (HFCs) que residem atualmente em geladeiras e condicionadores de ar em todo o mundo. Se fossem liberados de máquinas no final de sua vida, acrescentariam o equivalente a cem gigatoneladas de dióxido de carbono na atmosfera em gases do efeito estufa. Um acordo internacional em 2016 já abriu caminho para sua transformação segura em produtos químicos que não causam o aquecimento global.[84]

A ambição circular é criar um mundo sem poluição — sem plásticos flutuando no mar, sem gases tóxicos emitidos por chaminés industriais, sem pneus de borracha queimando, sem manchas de óleo. Seria um mundo que poderia até desfazer o desperdício de hoje. Nossos aterros sanitários poderiam se tornar minas a céu aberto para empresas que receberiam bem para extrair nutrientes para a economia circular. Os microplásticos que circulam no oceano poderiam ser recuperados e combinados para construir fazendas oceânicas. Ao mudar nossa conduta em relação ao uso de nossos recursos, um número cada vez maior de pessoas acredita que a humanidade poderia erradicar o desperdício e reproduzir a abordagem cíclica da natureza.

O que dizer dos lugares em que conduzimos nossas vidas? Em 2050, a previsão é que 68% da população mundial viva em cidades. Em certo momento, as cidades foram consideradas pelos ambientalistas como o flagelo do planeta, congestionadas com o tráfego e a poluição, que consomem muita energia, e a necessidade infinita de seus habitantes por produtos e materiais, criando uma pegada suja em todo o mundo. Mas eles perceberam que, devido à alta densidade de pessoas nas cidades, o ambiente urbano possui um grande potencial de sustentabilidade. Os urbanistas estão aprendendo a tornar suas cidades amigáveis para pedestres e ciclistas. É possível construir um transporte público eficiente e de baixo carbono. Algumas cidades, como Copenhague, estão instalando sistemas de aquecimento urbano centralizado que extraem energia térmica de usinas geotérmicas ou de resíduos produzidos na própria cidade. Os grandes e caros edifícios no centro de uma cidade podem ser obrigados a atender a altos padrões de isolamento e eficiência energética. Tudo isso significa que as emissões de carbono de um morador da cidade agora são significativamente mais baixas do que as de alguém que vive no campo.

Há um enorme incentivo para as grandes cidades do mundo irem muito mais longe. Em um mercado global, os prefeitos entendem que estão competindo com as cidades de todo o mundo pelos melhores talentos. Uma das maneiras mais eficazes de atrair pessoas para uma cidade é torná-la o mais verde e agradável possível. Além de proporcionar espaços de lazer, a vida vegetal urbana tem mostrado que é capaz de abaixar a temperatura, purificar o ar e melhorar o bem-estar mental dos moradores. Como resultado, as cidades estão dando boas-vindas à natureza aumentando parques e incentivando a construção de telhados verdes e paredes cobertas por cascatas de plantas. Paris está adicionando cem hectares de área verde aos telhados e paredes de seus edifícios. Em várias cidades chinesas, pântanos estão sendo criados nas margens dos rios para absorver as inundações sazonais e fornecer aos cidadãos mais espaço natural. Londres se declarou a primeira cidade-parque nacional do mundo, com um plano de transformar metade de sua área em espaços naturais e tornar a vida dos londrinos mais verde, saudável e selvagem.

A cidade-Estado de Cingapura pretende se transformar em uma cidade dentro de um jardim. É solicitado a todos os novos edifícios que substituam a vegetação perdida no solo devido à sua construção por uma quantidade equivalente de plantas acima do solo. Como resultado, a cidade tem dezenas de prédios projetados especificamente para serem cobertos por plantas, incluindo um hospital que está relatando melhores taxas de recuperação de seus pacientes devido à vegetação. Cingapura está ligando todos os seus parques com corredores verdes e transformou cem hectares de terras nobres em sua costa em um reservatório de água e jardim com um bosque de super-árvores artificiais de 50 metros que se alimentam com painéis solares, irrigam os jardins com a água coletada e filtram o ar.

A bióloga Janine Benyus, cofundadora do Instituto de Biomimética, com o objetivo de provocar a nova abordagem verde para o planejamento urbano, lançou um desafio a todas as cidades. Ela sugere que, como uma cidade ocupa um espaço que já foi hábitat natural, deveria pelo menos igualar esse hábitat em termos dos serviços ambientais que já foram prestados — a energia solar que gerava, a fertilidade que adicionava aos seus solos, o volume de ar que limpava, a água que produzia, o carbono que capturava e a biodiversidade que hospedava. Os arquitetos parecem ansiosos para aceitar seu desafio. Os melhores edifícios sustentáveis em construção hoje são geradores de energia renovável, purificam o ar ao seu redor, tratam suas próprias águas residuais, criam solo a partir do esgoto e oferecem moradias permanentes para uma abundância de animais e plantas. No futuro, pode ser possível que as cidades retribuam, em vez de apenas receberem.

Dar e receber — essa é a essência do equilíbrio. Quando toda a humanidade estiver em posição de devolver à natureza pelo menos o que recebemos e pagar algumas de nossas dívidas, todos seremos capazes de levar uma vida mais equilibrada. Existem exemplos no mundo todo desse novo pensamento. Se todas as nações tivessem como objetivos o lucro, as pessoas e o planeta como a Nova Zelândia faz, se oferecessem um padrão de vida para sua população tão alto quanto o do Japão, se abraçassem a revolução renovável como o Marrocos, se administrassem seus mares como Palau, se fizessem plantações de maneira eficiente e sustentável como alguns estão fazendo na Holanda, se comessem carne raramente como o povo da Índia, se encorajassem a natureza selvagem a retornar como a Costa Rica e se levassem a natureza para suas cidades como Cingapura, toda a humanidade seria capaz de alcançar um equilíbrio com a natureza. Mas será necessário que todas as nações, e aquelas com as maiores pegadas,

"Superárvores" movidas a energia solar em Cingapura.

façam as maiores mudanças. Não funcionará se alguns países fizerem a transição e outros, não.

Existe alguma resistência no momento. É muito fácil, ao contemplar a sustentabilidade, focar o que perdemos e não entender o que ganhamos. Mas a realidade é que um mundo sustentável está cheio de vantagens. Ao perder nossa dependência do carvão e do petróleo e ao gerar energia renovável, ganhamos ar e água limpos, eletricidade barata para todos e cidades mais silenciosas e seguras. Ao perder o direito de pescar em certas águas, ganhamos um oceano saudável que nos ajudará a combater as mudanças climáticas e, em última análise, nos oferecerá mais frutos do mar selvagens. Ao retirarmos grande parte da carne de nossa dieta, ganhamos boa forma, saúde e alimentos mais baratos. Ao perder terras para a natureza, ganhamos oportunidades para uma reconexão com o mundo natural que afirma a vida, tanto em terras e mares distantes como em nosso próprio ambiente local. Ao perder nosso domínio sobre a natureza, ganhamos uma estabilidade duradoura dentro dela para todas as gerações que se seguirão.

Tudo está pronto para conquistarmos esse futuro. Temos um plano. Nós sabemos o que fazer. Existe um caminho para a sustentabilidade. É um caminho que poderia levar a um futuro melhor para toda a vida na Terra. Devemos deixar nossos políticos e líderes empresariais saberem que entendemos isso, que essa visão de futuro não é apenas algo de que nós *precisamos*, é algo, acima de tudo, que nós *queremos*.

©Kieran O'Donovan

A cidade de Pripyat, na Ucrânia. Foi construída na década de 1970 para ser o lar dos trabalhadores empregados na usina nuclear soviética em Chernobyl. Em abril de 1986, um dos reatores explodiu, e toda a população precisou ser evacuada imediatamente. O reator destruído, visto no horizonte, agora foi encerrado dentro de uma gigante estrutura arqueada de concreto para restringir as emissões ainda perigosas.

©Maxym Marusenko/ NurPhoto/ Getty

Os blocos de apartamentos, construídos de acordo com design típico da década de 1970, permanecem vazios, assim como salões de dança, escolas, piscinas e cabines telefônicas. Tudo foi abandonado, permitindo que a floresta recuperasse seu território.

No estúdio durante o programa *Zoo Quest in Paraguay*. Apresento um tatupeba para a câmera, enquanto uma preguiça-de-dois-dedos está pendurada em um tronco de árvore na parte de trás, aguardando sua vez de ser o centro das atenções.

Eu e Charles Lagus partimos para Serra Leoa em 1954. As viagens aéreas ainda não tinham se desenvolvido o suficiente para permitirem voos noturnos até a África Ocidental, então tivemos de passar a primeira noite no solo, em Casablanca.

O líder da até então isolada tribo Biami, no centro da Nova Guiné, lista os rios próximos. Os gestos de contagem variam entre os grupos tribais, então os que ele usou podem revelar com quais pessoas ele havia negociado.

Comandante Frank Borman na espaçonave *Apollo 8*, que orbitou a Lua em 1968.

A primeira imagem do planeta Terra, visto da *Apollo 8* — uma imagem que transformou a maneira como percebemos nosso planeta e a nós mesmos.

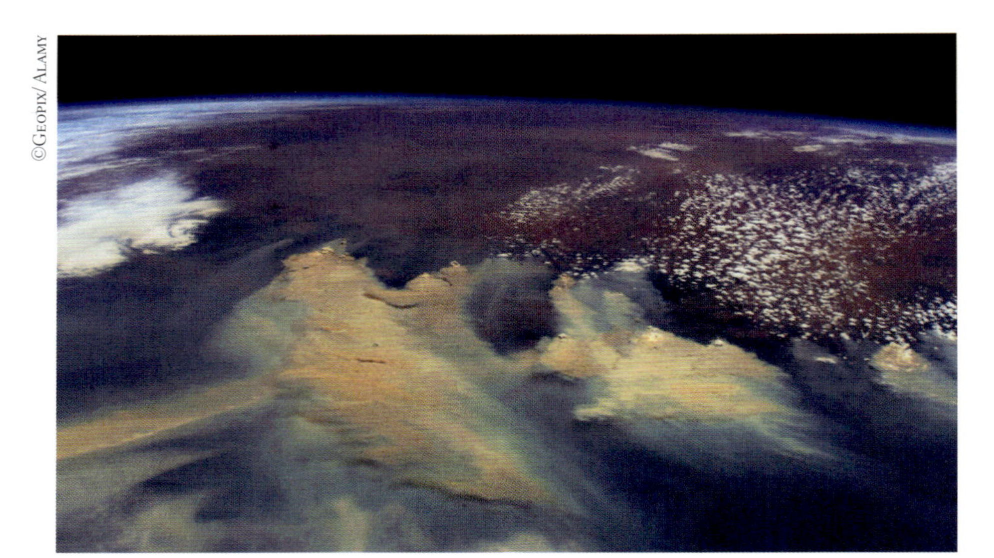

Uma fumaça densa e marrom eclipsa as nuvens brancas na costa sudeste da Austrália, com incêndios florestais fora de controle. Durante o verão de 2019-2020, cerca de 18 milhões de acres foram queimados e mais de 3 bilhões de animais morreram ou tiveram de migrar. A mudança climática foi citada como um fator que contribuiu para isso, embora na época muitos membros do governo australiano negassem esse fato.

Durante as filmagens de *Planeta gelado*, acompanhei cientistas do Instituto Polar Norueguês que anestesiavam ursos-polares de um helicóptero. Pesquisas realizadas ao longo dos anos revelaram que os ursos estão perdendo peso por causa da dificuldade cada vez maior de caçar focas no gelo marinho, uma tendência que, se persistir, poderá levar à extinção da espécie.

Os recifes de coral, como este no mar Vermelho, no Egito, estão entre os hábitats de maior biodiversidade da Terra. No entanto, embora sejam ecossistemas ricos e complexos, também são frágeis. Nas taxas atuais da mudança climática, alguns preveem que 90% dos recifes de coral do mundo podem desaparecer dentro de algumas décadas graças ao aumento da temperatura e da acidez do oceano.

O branqueamento de corais é frequentemente causado pelo aquecimento das águas e é um sinal de que um recife está sob pressão. À medida que a temperatura sobe, os organismos de coral expelem as algas coloridas que vivem nos tecidos. Muitos deles morrem, expondo suas estruturas de calcário branco.

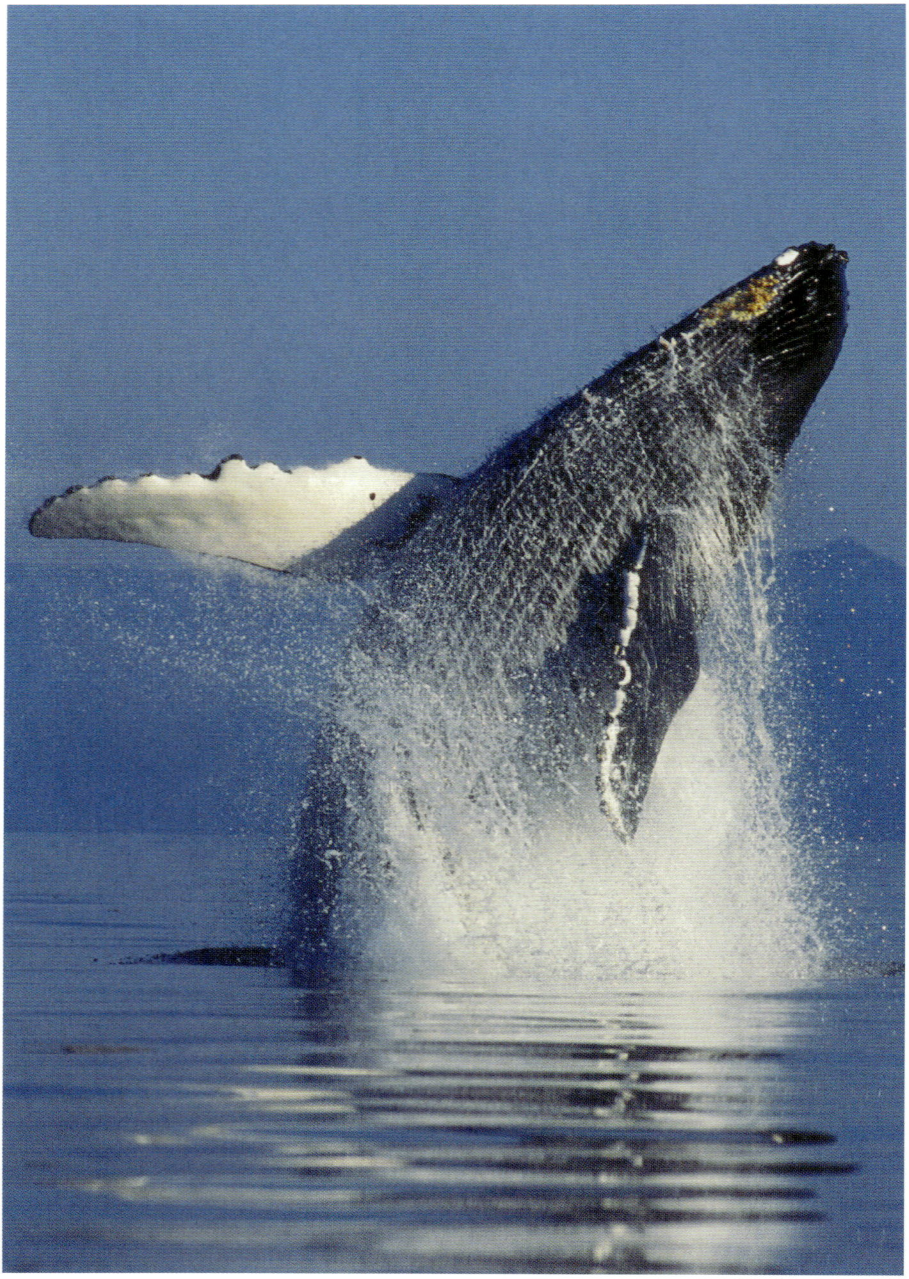
©Brandon Cole/ naturepl.com

As jubarte, como outras grandes baleias, foram alvos de frotas comerciais baleeiras na primeira metade do século xx. Desde a proibição da caça, seus números se recuperaram de apenas alguns milhares a cerca de 80 mil indivíduos — evidência de como a natureza pode se regenerar rapidamente se tiver a chance.

O oceano aberto é, em geral, um grande deserto azul. Mas, onde os nutrientes se juntam perto da superfície, o plâncton cresce, levando a uma enxurrada de atividades. Aqui, um cardume de cavalas, atraído pelo plâncton, forma uma bola de iscas e é perseguido por barracudas e anchovas.

Poluição oceânica por plástico: um tubarão-baleia se alimenta em águas poluídas, ingerindo plástico.

Um trabalhador chinês separa garrafas plásticas para reciclagem na vila de Dong Xiao Kou, nos arredores de Pequim.

O lixo plástico levado às praias da Ilha Christmas — um atol remoto no oceano Pacífico.

Uma foca-monge-do-havaí presa em equipamentos de pesca no Atol de Kure, no oceano Pacífico. A foca foi posteriormente solta e liberada pelo fotógrafo.

A lontra-marinha é uma espécie-chave nas florestas de algas, um dos hábitats marinhos mais produtivos. As lontras caçam ouriços-do-mar que comem as algas, ajudando a floresta de algas a prosperar — um exemplo de como a biodiversidade auxilia os sistemas naturais a capturar e armazenar melhor o carbono.

O bisão-europeu foi caçado até a extinção na natureza no início do século xx, mas as reintroduções a partir do cativeiro estão agora ganhando espaço em muitas nações, e o bisão está se tornando um ícone do movimento de renaturalização europeu.

Os recifes de coral e as águas abertas de Palau já foram sobre-explorados, mas, com o apoio de políticas fortes baseadas em abordagens de pesca tradicionais e sustentáveis, melhoraram dramaticamente a biodiversidade.

Uma cegonha-branca pousando com material para criar um ninho e se juntando a seu parceiro na Knepp Estate, uma fazenda selvagem pioneira no Reino Unido, em abril de 2019. Este é o primeiro registro de cegonhas-brancas fazendo ninho no Reino Unido.

Dian Fossey com gorilas-das-montanhas em Ruanda. Ela chamou a atenção do mundo para a situação dessa espécie e nos permitiu filmá-los para a série *Vida na Terra*.

Lobos-cinzentos em um monte no Parque Nacional de Yellowstone, nos EUA. A reintrodução de lobos ao parque em 1995 afetou profundamente todo o ecossistema, demonstrando o valor dos principais predadores na recuperação da biodiversidade dos sistemas naturais.

A estação de energia solar de Ouarzazate, no Marrocos, a maior usina de energia solar concentrada do mundo, foi construída para fornecer eletricidade durante a noite usando a energia armazenada no sal fundido.

Com o diretor e meu coautor, Jonnie Hughes, na mesma pedreira de Leicestershire que eu costumava visitar em expedições de busca de fósseis quando era um menino. Aqui, discutíamos o roteiro durante a filmagem do documentário que acompanhou o lançamento deste livro.

Há muito tempo apoio o WWF. Em 2016, discursei no lançamento de seu *Living Planet Report*, o exame semestral de saúde da Terra que se tornou o guia mais importante sobre a extensão da perda de biodiversidade em nosso planeta.

Com Jonnie Hughes na modesta acomodação fora da Zona de Exclusão de Chernobyl, trabalhando no roteiro final do documentário.

©GAVIN THURSTON

©ANDREW YARME

O café abandonado à beira do rio em Pripyat ainda ostenta um extraordinário vitral, decorado com a inconfundível arte da era soviética. O produtor Joe Fereday fotografa enquanto observo tudo.

Organizamos nossa viagem para Massai Mara, no Quênia, para coincidir com a chegada de 250 mil gnus em migração.

Gavin Thurston, um cinegrafista com quem trabalhei por muitos anos, monta a câmera Cineflex — um dispositivo que é capaz de ficar estável o suficiente para capturar imagens firmes, mesmo com o carro em alta velocidade pelas estradas de terra do Quênia.

©Gavin Thurston

A escala e o drama natural do ecossistema de Serengueti nunca deixam de impressionar.

A equipe de *Nosso planeta*: (da esquerda para a direita) Keith Scholey (produtor executivo), Jonnie Hughes (produtor/diretor), Gavin Thurston (diretor de fotografia), eu, Ilaira Mallalieu (produtora assistente), Colin Butfield (produtor executivo do WWF) e Bill Rudolph (operador de áudio).

WWF

©Ilaira Mallalieu

Filmando na pedreira de Leicestershire que eu costumava visitar em busca de fósseis quando era menino.

©Gavin Thurston

Mesmo em Leicestershire o sol pode ser forte! Felizmente, Maggie Watson estava presente para fornecer alguma sombra.

Gravamos os elementos centrais do meu depoimento em um estúdio modesto durante um período de cinco dias de filmagens.

Tive o privilégio de visitar a gravação da trilha sonora do compositor Steve Price no estúdio Abbey Road, em Londres. Steve escolheu a dedo os membros para compor uma pequena orquestra. Todos são instrumentistas excepcionais.

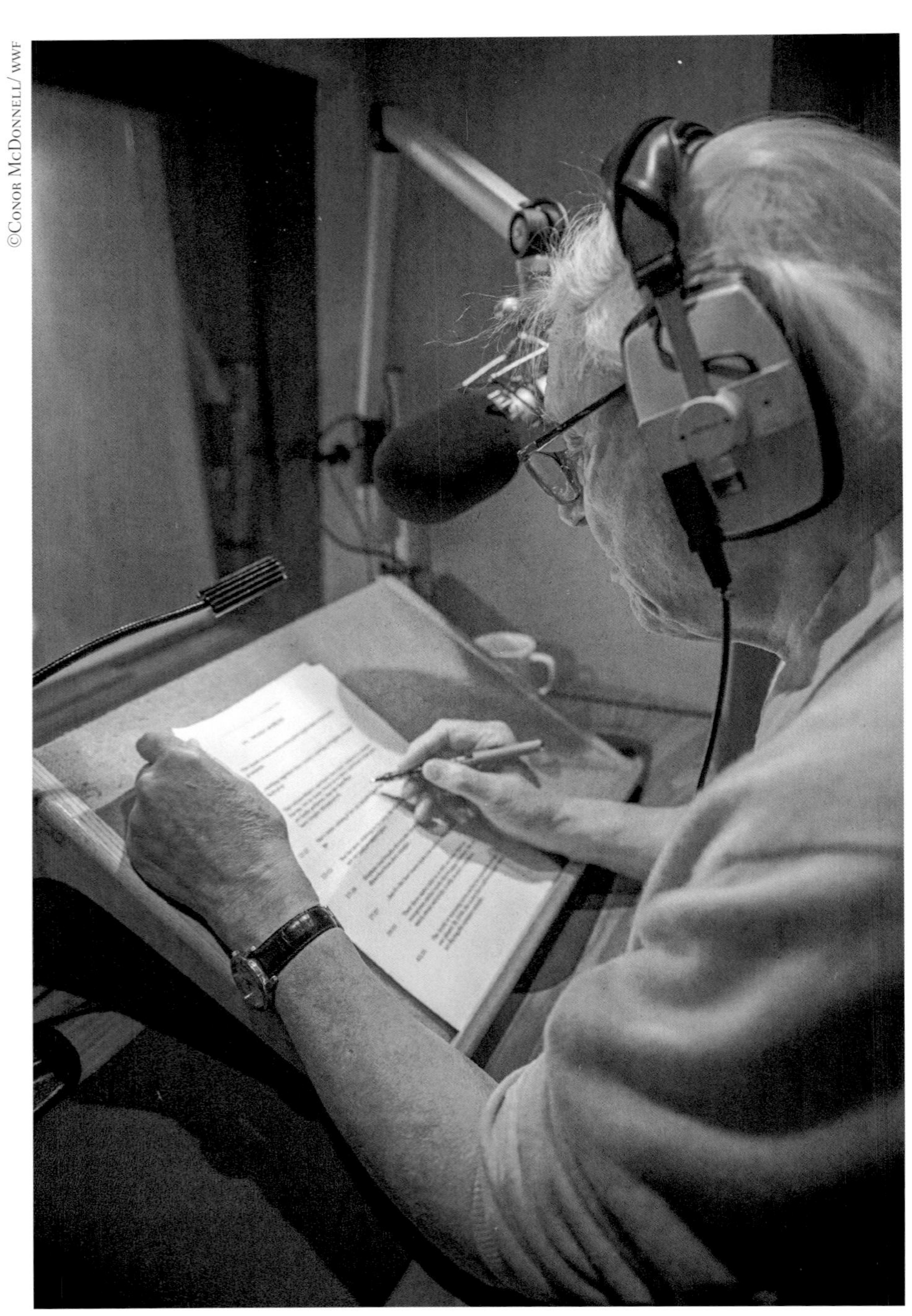

Em Bristol, narrando a gravação para o documentário.

Conclusão
Nossa maior oportunidade

Eu nasci em outra época. Não digo isso metaforicamente, é literal. Cheguei a este mundo durante um período que os geólogos chamam de Holoceno e vou deixá-lo — assim como cada um de nós que está vivo hoje — no *Antropoceno*, o tempo dos humanos.

O termo "antropoceno" foi proposto em 2016 por um grupo de eminentes geólogos. Dividir a história da Terra em períodos com nomes sempre foi uma prática geológica. Cada um é reconhecido por características que distinguem as rochas daquela idade particular de todas as outras — a ausência de algumas espécies fósseis que floresceram antes e o aparecimento de novas.

Esse certamente será o caso das rochas que estão se formando hoje. Não só conterão menos espécies do que as rochas que as precederam, mas também conterão marcadores completamente novos — fragmentos de plástico, plutônio da atividade nuclear e uma distribuição mundial de ossos de galinhas domesticadas. Os geólogos sugeriram que essa nova época poderia ter começado na década de 1950 e que deveria ser chamada de Antropoceno, já que é a espécie humana mais do que qualquer outra que está determinando seu caráter.

O que para os geólogos foi um nome produzido pela rotina científica, tornou-se agora, para muitos outros, uma expressão vívida da alarmante mudança que estamos enfrentando. Nós nos tornamos uma força global com tal poder que estamos afetando todo o planeta. O Antropoceno, de fato, pode vir a ser um período excepcionalmente breve na história geológica, que terminará com o desaparecimento final da civilização humana.

Não precisa ser assim. O advento do Antropoceno ainda pode marcar o início de uma relação nova e sustentável entre nós e o planeta. Poderia ser uma época em que aprenderíamos a trabalhar com a natureza em vez de lutar contra ela, uma época em que não haveria mais nenhuma grande distinção entre o natural e o administrado, pois nos tornaríamos os administradores atentos de toda a Terra, apelando à extraordinária resiliência da natureza para nos ajudar a trazer de volta sua biodiversidade.

No final, a questão de qual versão do Antropoceno está prestes a se desdobrar depende de nós. Os seres humanos podem ser engenhosos, mas também são briguentos. Nossos livros de história foram dominados por relatos de guerras, de lutas pelo domínio entre as nações. Mas não podemos continuar assim. Os perigos que a Terra agora enfrenta são globais e só podem ser encarados se as nações enterrarem suas diferenças e se unirem para agir globalmente.

De fato, existem precedentes de como conseguir isso. Em 1986, as nações baleeiras do mundo inteiro se uniram e decidiram que a matança de baleias de todos os tipos tinha que acabar para que esses animais extraordinários e maravilhosos não fossem exterminados.

Alguns políticos podem ter concordado em parar a caça porque as baleias estavam, então, em número tão reduzido que não era mais economicamente viável persegui-las. Mas para outros, certamente, foi por causa de apelos de conservacionistas e cientistas. A decisão não foi unânime. E ainda há discussões. Contudo, em 1994, 50 milhões de quilômetros quadrados do oceano Antártico foram declarados Santuário Internacional de Baleias. Hoje, como resultado dessas restrições, a população desses animais aumentou de forma nunca registrada antes. E um fator importante e influente no complexo funcionamento do oceano foi restaurado a algo parecido com sua posição adequada.

Na África Central, onde na década de 1970 havia apenas trezentos gorilas-da-montanha, acordos transfronteiriços foram assinados entre várias nações africanas, e agora existem mais de mil dessas criaturas magníficas graças ao trabalho árduo e à bravura de gerações de guardas locais.

Assim, está em nosso poder nos unirmos internacionalmente. Agora, entretanto, devemos fazer acordos que se apliquem não a um único grupo de animais, mas a todo o mundo natural. Exigirá o trabalho de incontáveis comitês e conferências e a assinatura de inúmeros tratados internacionais. O trabalho já começou, organizado pelas Nações Unidas. Enormes conferências envolvendo dezenas de milhares de pessoas estão acontecendo. Uma delas trata de problemas relativos à taxa alarmante de aquecimento do nosso planeta, que poderia ter consequências generalizadas e devastadoras. Outra está encarregada de proteger a biodiversidade da qual depende toda a teia interconectada da vida.

A tarefa dificilmente poderia ser mais difícil e temos de apoiá-la de todas as maneiras que pudermos. Temos de exigir que nossos políticos, local, nacional e internacionalmente, cheguem a algum acordo e, às vezes, subordinar nosso interesse nacional a um benefício maior e mais amplo. O futuro da humanidade depende do sucesso dessas reuniões.

Muitas vezes falamos em salvar o planeta, mas a verdade é que devemos fazer essas coisas para nos salvar. Com ou sem nós, o mundo selvagem retornará. A evidência disso não é mais dramática do que a visão das ruínas de Pripyat, a cidade-modelo que precisou ser abandonada quando o reator nuclear de Chernobyl explodiu. Ao sair dos corredores escuros e vazios de um de seus blocos de apartamentos desertos, você é saudado por uma visão surpreendente. Nos 34 anos desde a evacuação, uma floresta tomou conta da cidade deserta. Arbustos quebraram o concreto e a hera separou os tijolos. Os telhados cedem com o peso da vegetação que se acumula, e mudas de choupo e álamo estouraram as calçadas. Os jardins, parques e avenidas são agora sombreados pelas copas dos carvalhos, pinheiros e bordos, a seis metros do solo. Abaixo, há um estranho subsolo de rosas ornamentais malcuidadas e árvores frutíferas. O campo de futebol, que há 34 anos servia de pista de pouso para helicópteros militares enviados para evacuar os habitantes da cidade, agora está coberto por um matagal de árvores jovens. A natureza recuperou seu território.

O terreno, incluindo a cidade e o reator em ruínas, foi transformado em um santuário para animais raros. Biólogos colocaram armadilhas fotográficas

©MIKE BIRKHEAD

David segura um filhote de ave da selva recém-nascido que "fala" com o ovo que ainda não abriu, *Wonder of Eggs*.

nas janelas da cidade e gravaram imagens de crescentes populações de raposas, alces, cervos, javalis, bisões, ursos-pardos e cães-guaxinins. Alguns anos atrás, poucos indivíduos do quase extinto cavalo-de-przewalski foram soltos lá, e seu número agora está aumentando. Até os lobos colonizaram a área, protegidos das armas dos caçadores. Parece que, por mais graves que sejam nossos erros, a natureza será capaz de superá-los se tiver oportunidade. O mundo vivo já sobreviveu a extinções em massa várias vezes antes, mas nós, humanos, não podemos achar que faremos o mesmo. Chegamos tão longe porque somos as criaturas mais inteligentes que já viveram na Terra. Mas, se quisermos continuar a existir, será necessário mais do que inteligência. Será necessário sabedoria.

O *Homo sapiens*, o sábio ser humano, agora deve aprender com seus erros e fazer jus ao seu nome. Nós, que estamos vivos hoje, temos a tarefa formidável de garantir que nossa espécie o faça. Não devemos perder a esperança. Temos todas as ferramentas de que precisamos, os pensamentos e as ideias de bilhões de mentes notáveis e as energias incomensuráveis da natureza para ajudar em nosso trabalho. E temos mais uma coisa: uma habilidade, talvez única entre as criaturas vivas do planeta, de imaginar um futuro e trabalhar para alcançá-lo.

Ainda podemos fazer reparos, administrar nosso impacto, mudar a direção de nosso desenvolvimento e, mais uma vez, tornarmo-nos uma espécie em harmonia com a natureza. Tudo de que precisamos é vontade. As próximas décadas representam uma oportunidade final para construirmos um lar estável para nós e restaurarmos o mundo rico, saudável e maravilhoso que herdamos de nossos ancestrais distantes. Nosso futuro no planeta, o único lugar, até onde sabemos, em que existe vida de qualquer tipo, está em jogo.

Glossário

Acidificação do oceano: Diminuição contínua do pH do oceano causada pela absorção de dióxido de carbono da atmosfera. A água do mar é ligeiramente alcalina, então a acidificação do oceano inicialmente significa uma mudança para condições neutras. À medida que continua, ela danifica grande parte da vida no oceano. Quando ocorreu anteriormente na história da Terra, foi acompanhada por um *evento de extinção em massa* e um declínio duradouro na eficiência do *sistema terrestre*.

Agricultura regenerativa: Uma abordagem de conservação e reabilitação para a agricultura, com foco no aumento da saúde natural dos solos. É uma reação contra a agricultura industrial, que normalmente diminui a saúde do solo ao longo do tempo e requer suplementos de fertilizantes e pesticidas. Técnicas de agricultura regenerativa levam a solos com maior conteúdo orgânico, capacidade de *captura e armazenamento de carbono* e uma grande *biodiversidade*.

Agricultura urbana: Produção de alimentos e outros produtos agrícolas dentro e ao redor das áreas urbanas. A agricultura urbana costuma ser bastante *sustentável* na medida em que utiliza terras já ocupadas pela humanidade, reduz o transporte e emprega métodos como *hidroponia* e *renováveis* para produzir alimentos.

Agricultura vertical: Prática de produzir alimentos em camadas empilhadas verticalmente, muitas vezes em um ambiente controlado e usando *hidroponia* ou *aquaponia*. Muitas vezes é uma abordagem muito *sustentável* para cultivar certos tipos de plantas, pois produz mais alimentos com menos terra e pode operar sem fertilizantes ou pesticidas.

Antropoceno: Idade geológica proposta ou, mais tecnicamente, época entendida como o período durante o qual a atividade humana exerceu influência dominante sobre o clima e o meio ambiente. Há um debate em curso sobre quando o Antropoceno teria começado, mas muitos sugerem a década de 1950, uma vez que coincidiria com a presença em rochas de uma abundância de plásticos e isótopos radioativos de testes de armas nucleares.

Aquicultura (piscicultura) : Criação e coleta de peixes, crustáceos, algas e outros organismos em ambientes aquáticos. Existem duas categorias principais: marinha e de água doce.

Áreas Marinhas Protegidas (AMPS): Áreas protegidas de mares ou oceanos que restringem a atividade humana em algum grau, como limitar as práticas de pesca, temporadas ou capturas. As zonas de pesca proibida não permitem nenhum tipo de pesca. Atualmente, existem mais de 17 mil AMPS em todo o mundo, representando pouco mais de 7% do oceano.

***Biochar*:** Material semelhante ao carvão que pode ser feito a partir de resíduos de matéria orgânica cozidos em um ambiente de baixo ou zero oxigênio. Está sob estudos como uma abordagem viável para *captura e armazenamento de carbono*. Pode ser usado como material de construção, fonte de *bioenergia* ou para enriquecer os solos e ajudá-los a reter água.

Biodiversidade (diversidade biológica): Termo que tenta resumir a variedade de vida no mundo. É uma proporção entre número de espécies, todos os diferentes tipos de animais, plantas, fungos e até micro-organismos como bactérias, e o número, ou abundância, que existe de cada uma dessas espécies. Em termos mais abstratos, a biodiversidade do planeta engloba não apenas milhões de espécies e bilhões de indivíduos, mas as trilhões de diferentes características que esses seres possuem. Quanto maior a biodiversidade, mais a *biosfera* é capaz de lidar com mudanças, manter o equilíbrio e sustentar a vida.

Bioenergia (energia de biomassa): Energia renovável disponibilizada a partir de materiais derivados do mundo vivo. Os combustíveis que são queimados ou digeridos para a obtenção de bioenergia incluem madeira e safras de rápido crescimento, como milho, soja, miscanto e cana-de-açúcar. A biomassa pode ser queimada para gerar eletricidade ou convertida em biocombustível para transportes.

Blockchain: Livro-razão digital que pode registrar transações entre as partes de forma confiável, sendo armazenado em vários computadores em uma rede ponto a ponto, tornando-o eficiente e reduzindo o potencial de erro e corrupção. Foi inicialmente desenvolvido para permitir que criptomoedas, como o bitcoin, operassem com eficiência, mas a mesma tecnologia pode ser usada para rastrear cadeias de abastecimento e, portanto, verificar se um produto como madeira ou carne de atum é oriundo de uma fonte *sustentável*.

Caçadores-coletore: Cultura em que uma sociedade humana coleta seu alimento da natureza. Foi a cultura de todos os humanos durante 90% de nossa história, até que a agricultura foi inventada no início do Holoceno.

Capacidade de carga: Tamanho máximo da população de uma espécie biológica que pode ser sustentada em um ambiente específico, levando-se em conta alimentos, hábitats, água e outros recursos disponíveis.

Captura e armazenamento de carbono (CCS): Processo de captura de dióxido de carbono, geralmente de uma grande fonte pontual, como uma fábrica ou estação de energia, transportando-o para um local de armazenamento subterrâneo e depositando-o para armazenamento permanente, de modo que não entre na atmosfera. A CCS em um local industrial moderno pode reduzir as emissões de dióxido de carbono em até 90%, mas aumenta o uso de energia operacional e os custos. Se combinados com geração de *bioenergia* (conhecida como BECCS), ou com captura direta de ar (DACCS), que remove o dióxido de carbono do ar, a CCS pode teoricamente remover dióxido de carbono da atmosfera, criando as chamadas "emissões negativas". Essas tecnologias, no entanto, estão em fase de pesquisa e desenvolvimento. *Soluções baseadas na natureza* oferecem uma forma natural de CCS (tecnicamente, remoção de dióxido de carbono) que, além disso, aumenta a *biodiversidade*.

Carne limpa (carne cultivada): Carne para consumo produzida como cultura de células animais, e não a partir do abate deles. É uma forma de agricultura celular. Pesquisas sugerem que a produção de carne limpa tem o potencial de ser muito mais eficiente e ecologicamente correta do que a de carne tradicional, pois requer uma fração da terra e reduzidas necessidades de energia e água, e emite muito menos gases do efeito estufa por quilograma produzido. Também representa menos questões relacionadas ao bem-estar animal.

Cascata trófica: Um efeito em um ecossistema no qual a mudança em um nível da cadeia alimentar, conhecido como "nível trófico", desencadeia vários efeitos indiretos em outros. Na história, quando removemos os principais predadores, ocorreram cascatas tróficas que alteraram radicalmente os ecossistemas e, portanto, paisagens inteiras terrestres e marinhas. Por exemplo, ao remover os lobos, as populações de cervos são capazes de aumentar, evitando o *reflorestamento* natural. Retornando os principais predadores à medida que *renaturalizamos*, podemos criar cascatas tróficas que restabelecem a *biodiversidade* natural, conforme demonstrado pela reintrodução do lobo no Parque Nacional de Yellowstone.

Compensação de carbono: Uma redução nas emissões de *gases do efeito estufa* visa compensar, ou equilibrar, as emissões atuais em outros lugares que não possam ser evitadas. A compensação é feita por meio da compra de créditos de carbono ou unidades que são medidas em toneladas de dióxido de carbono equivalentes (CO_2e). Governos e grandes empresas podem optar por compensar para cumprir com suas obrigações se for mais barato do que reduzir internamente. Empresas e indivíduos podem comprar compensações de carbono em um mercado voluntário para compensar as emissões de suas atividades, por exemplo, viagens aéreas — aqui, o dinheiro gasto em compensações normalmente financia o desenvolvimento de *renováveis*, *bioenergia* ou *reflorestamento*. A compensação deve ser feita apenas como parte de uma estratégia mais ampla de redução de emissões e, a longo prazo, não é uma solução completa.

Conservação: Simplesmente uma área que visa proteger o hábitat natural, mas, no contexto deste livro, refere-se a uma área protegida administrada pela comunidade local de uma forma *sustentável* e economicamente viável.

Crescimento perpétuo: Premissa que sustenta nosso modelo econômico atual, de que o *produto interno bruto* continuará a crescer, ano após ano, para sempre. Na realidade, muitas economias desenvolvidas têm aumentos muito baixos do PIB a cada ano, entre 0% e 2%, mas isso, é claro, ainda é crescimento.

Crescimento verde: Caminho de crescimento econômico que utiliza os recursos de maneiras *sustentáveis*. É usado como um conceito alternativo ao crescimento econômico tradicional, que normalmente não leva em conta os danos ambientais.

Cultura: Para um biólogo, cultura refere-se a um conjunto de comportamentos, hábitos e habilidades que podem ser passados de um animal para outro por meios não genéticos, principalmente por imitação. Nesse sentido, uma cultura é uma forma paralela de herança à herança biológica (genética), e sofre sua própria forma de evolução ao longo do tempo. Apenas algumas espécies mostraram evidências de cultura, por exemplo, chimpanzés, macacos e golfinhos-nariz-de-garrafa. Para a humanidade, a evolução cultural é agora a forma dominante de evolução.

Dieta à base de plantas: Dieta que consiste principal ou totalmente em alimentos de origem vegetal, com poucos ou nenhum produto de origem animal. Uma dieta baseada em vegetais é mais *sustentável* do que as dietas contemporâneas que incluem muitos produtos de origem animal, uma vez que, em média, consome menos terra, energia e água para produzir, e leva à emissão de menos *gases do efeito estufa*.

Domesticação: Processo pelo qual os seres humanos assumem um grau significativo de influência sobre a reprodução e o cuidado de outras espécies. Exemplos de domesticações de plantas incluem trigo, batata e banana.

Exemplos de domesticação de animais incluem gado, ovelhas e porcos. A domesticação é a base de toda a agricultura.

Ecologia: Ramo da biologia que estuda as interações e as relações entre os organismos e entre os organismos e seu ambiente.

Economia circular (economia cíclica): Sistema econômico que visa eliminar o desperdício e o uso contínuo dos recursos. As economias circulares empregam compartilhamento, reutilização, reparo, renovação, remanufatura e reciclagem para criar um sistema fechado. Todos os resíduos se transformam em alimento para o próximo processo, portanto, está em contraste com a economia linear tradicional, que tem um modelo de produção pegar-fazer-usar-descartar.

Efeito de transbordamento: Fenômeno de melhorias na *biodiversidade* de uma área que beneficia a biodiversidade de áreas vizinhas. Especificamente, um efeito de transbordamento é experimentado nas águas ao redor das AMPs, em que os estoques pesqueiros em recuperação na AMP se espalham para as áreas vizinhas, aumentando os resultados da pesca.

Extinção em massa: Declínio generalizado e rápido na *biodiversidade* da Terra. De acordo com a maioria dos especialistas, eventos de extinção em massa ocorreram pelo menos cinco vezes na história da vida, incluindo aquele que pôs fim aos dinossauros.

Fase *lag*: Fase inicial em uma curva de crescimento em que há pouco crescimento líquido devido a algum fator ou fatores restritivos.

Fase *log*: Fase em uma curva de crescimento caracterizada por crescimento logarítmico ou exponencial.

Fazenda selvagem: Abordagem *renaturalizadora* da agricultura na qual uma comunidade de diferentes animais de criação que imita a comunidade natural do local tem permissão para vagar livremente pela fazenda sem suplementos. Os animais são mantidos em números adequados à *capacidade de carga* da região e provocam uma *cascata trófica* que aumenta a *biodiversidade* da terra.

Fitoplâncton: Organismos fotossintetizantes na microscópica, mas extensa, comunidade de plâncton que vive nas águas superficiais do oceano. O fitoplâncton é a base de muitas cadeias alimentares marinhas.

Floresta oceânica: Proposta para uma *solução baseada na natureza* às mudanças climáticas nas quais as florestas de algas marinhas são cultivadas. À medida que crescem, atuam como um sistema de *captura e armazenamento de carbono*, e as algas marinhas produzidas podem ser usadas para *bioenergia*, alimentos ou descartadas permanentemente para remover o carbono da atmosfera.

Gases do efeito estufa (GEEs): Gases que alteram a radiação solar e levam ao efeito estufa, criando um "cobertor" que mantém a Terra a uma temperatura ambiente mais elevada. Os principais gases do efeito estufa na atmosfera terrestre são vapor d'água, dióxido de carbono, metano, óxido nitroso e ozônio. A atividade humana levou ao aumento da concentração atmosférica de alguns GEEs, como dióxido de carbono, metano e óxido nitroso, que retêm mais calor e levam a mudanças climáticas.

Geoengenharia (engenharia climática): Estudo e prática de formas de intervenção deliberada em larga escala no *sistema terrestre* a fim de moderar e mitigar as mudanças climáticas. Alguns métodos esperam aumentar a capacidade da Terra de remover *gases do efeito estufa* do meio ambiente, por exemplo, a fertilização do oceano com ferro para aumentar a produtividade do fitoplâncton e fomentar a absorção de dióxido de carbono nas águas superficiais. Outros métodos incluem o gerenciamento da radiação solar, em que, por exemplo, aerossóis são adicionados à estratosfera na esperança de refletir mais luz solar de volta para o espaço e, assim, reduzir o aquecimento global. A geoengenharia é frequentemente criticada por não poder ser testada e por ser potencialmente muito prejudicial ao meio ambiente e a nós mesmos.

Grande Aceleração: Aumento dramático e simultâneo da taxa de crescimento em uma ampla gama de medidas da atividade humana, registrado pela primeira vez em meados do século XX e que continua até os dias de hoje. A demanda por recursos e produção de poluentes durante o período da

Grande Aceleração é a causa direta de grande parte da degradação ambiental que vemos hoje.

Grande Declínio: Forte declínio simultâneo de uma grande variedade de medidas ambientais em todo o mundo, incluindo a biodiversidade e a estabilidade climática, a partir da segunda metade do século XX e que continua até os dias de hoje. O declínio deverá aumentar ainda mais durante este século, ao atingir uma série de *pontos de inflexão*, e resultar na desestabilização radical do *sistema terrestre*.

Hidroponia: Método de cultivo de plantas sem solo usando uma solução de nutrientes dissolvida em água. Tem várias vantagens. Uma delas é requerer muito menos água para o cultivo das plantas.

Holoceno: Época geológica que começou há cerca de 11.700 anos, após o último período glacial. Foi um período surpreendentemente estável da história e corresponde a um rápido crescimento da humanidade provocado pela invenção da agricultura.

Imposto do carbono: Imposto cobrado sobre a queima de combustíveis à base de carbono (carvão, petróleo, gás) para que os poluidores paguem pelos danos climáticos causados pelas emissões dos *gases do efeito estufa* de suas atividades. Está provado ser um impulsionador eficaz da redução de emissões em muitos setores.

Limites Planetários: Conceito desenvolvido pelos cientistas do *sistema terrestre* Johan Rockström e Will Steffen a fim de determinar um espaço operacional seguro para a humanidade. A equipe usou dados de várias fontes para definir nove fatores que influenciam a estabilidade do sistema terrestre. Os cientistas calcularam o grau em que a atividade humana atual está impactando esses fatores e estabeleceram os limites que, se ultrapassados, podem levar a uma mudança potencialmente catastrófica. Os nove fatores são: perda de *biodiversidade*, mudança climática, poluição química, destruição da camada de ozônio, aerossóis atmosféricos, *acidificação do oceano*, uso de nitrogênio e fósforo, consumo de água doce e mudança no uso da terra (do espaço selvagem para campos ou plantações). Desses nove, a equipe identificou dois — mudança climática e perda de *biodiversidade* — como os "limites centrais" no sentido de que ambos são afetados por todos os outros limites e podem sozinhos, se ultrapassados, causar a desestabilização do planeta. Eles alertam que, atualmente, a humanidade cruzou quatro limites: mudança climática, perda de biodiversidade, mudança no uso da terra e uso de nitrogênio e fósforo. Afirmam, portanto, que o sistema terrestre já está em um estado instável.

Microrrede: Uma microrrede é um grupo localizado de fontes de eletricidade que podem operar em associação com uma rede regional ou separada dela. Como trabalham juntas para fornecer eletricidade, lidam melhor com picos de demanda do que geradores individuais. Estão se tornando mais comuns agora que a geração distribuída de eletricidade usando *renováveis* se torna mais acessível.

Modelo *Donut*: Reinterpretação do *Modelo de Limites Planetários*, desenvolvido pela economista Kate Raworth, de Oxford, que incorpora as necessidades básicas das pessoas como base social, além do teto ecológico existente, e, portanto, define um espaço seguro e justo para a humanidade. A ideia é que devemos nos manter abaixo do teto, mas não à custa do bem-estar das pessoas. Como tal, atua como uma estrutura para um desenvolvimento *sustentável*.

Orçamento de carbono (global): Quantidade cumulativa de emissões de dióxido de carbono estimada para limitar a temperatura global da superfície a um determinado nível. O atraso no corte das emissões globais usará o orçamento de carbono mais rapidamente e aumentará os riscos de mais aquecimento global.

Pegada ecológica: Uma medida do impacto humano no meio ambiente. Essencialmente, mede a quantidade de natureza necessária para sustentar as pessoas ou uma economia e lidar com nossos poluentes (especialmente gases do efeito estufa), e é expressa como uma unidade de área, o hectare global (GHA). Atualmente, estamos exigindo mais hectares globais do que os existentes na Terra, daí o *Grande Declínio*.

Permafrost: Solo, muitas vezes abaixo da superfície, que permanece continuamente congelado. O *permafrost* em terra é mais extenso na tundra e nas regiões árticas de Rússia, Canadá, Alasca e Groenlândia. À medida que o globo se aquece, a previsão é que o *permafrost* derreta, libertando metano, um poderoso gás do *efeito estufa*, para a atmosfera, entrando assim em um ciclo de feedback positivo no qual mais *permafrost* vai descongelar, levando a um *ponto de inflexão* e a um descontrole no aquecimento global.

Pico de captura: Momento em que o peso dos peixes desembarcados para de aumentar. Alcançamos o pico de captura em meados da década de 1990. Depois desse ponto, houve um ligeiro declínio na captura global.

Pico de crianças: Ponto em que o número de crianças (comumente consideradas como menores de quinze anos) para de aumentar globalmente. A ONU atualmente prevê que o pico de crianças acontecerá em meados do século XXI.

Pico de terras cultiváveis: Ponto em que a área destinada às terras agrícolas para de aumentar. A Organização das Nações Unidas para a Alimentação e a Agricultura (FAO) prevê que isso acontecerá por volta de 2040.

Pico do petróleo: Momento em que a produção global de petróleo atingirá seu máximo, após o qual sua extração diminuirá.

Pico humano: Ponto em que a população humana irá parar de aumentar. A Divisão de População da ONU atualmente prevê que o pico humano ocorrerá no início do século XXII com cerca de 11 bilhões de pessoas. No entanto, tirando as pessoas da pobreza e empoderando as mulheres, estima-se que atingiremos o pico humano em 2060, com apenas 8,9 bilhões de pessoas.

Ponto de inflexão: Limite que, quando excedido, pode levar a uma mudança abrupta, grande, muitas vezes autoamplificadora e potencialmente irreversível no *sistema terrestre*.

Produto Interno Bruto (PIB): Medida de produtividade que resume todos os valores dos bens e serviços produzidos por uma nação ou setor durante um determinado período. Embora possa ser usado como uma medida da produtividade de uma nação, o PIB é amplamente criticado por não representar igualdade, bem-estar ou impacto ambiental. Simon Kuznets, que desenvolveu o PIB, alertou que ele não deveria ser usado como uma medida do bem-estar de uma nação.

Proteínas alternativas: Termo geral que abrange alternativas de tecnologia alimentar e à base de plantas a proteína animal comum como, por exemplo, proteínas derivadas de grãos, leguminosas, nozes, sementes, algas, insetos, micro-organismos ou mesmo *carne limpa*. Como essas proteínas não envolvem a pecuária em grande escala ou a cultura de peixes, a expectativa é que sua produção tenha uma pegada ambiental muito menor. Além disso, haverá menos problemas de bem-estar animal.

REDD+: Iniciativa da ONU relacionada à redução de emissões por desmatamento e degradação florestal e o papel da conservação, da gestão *sustentável* de florestas e do aumento dos estoques de carbono florestal nos países em desenvolvimento. A REDD+ tenta criar valor financeiro para o carbono armazenado em florestas, gerando mais incentivos para mantê-las com a ambição de reduzir o desmatamento e a degradação florestal nos países em desenvolvimento.

Reflorestamento: Retorno natural ou intencional de matas nativas. O reflorestamento pode ser usado como um termo geral ou especificamente para áreas que foram desmatadas recentemente. Nesse caso, o florestamento se aplica a áreas que já não são florestas há algum tempo, por exemplo, terras agrícolas tradicionais ou dentro de cidades. O reflorestamento é uma *solução baseada na natureza* potencial às mudanças climáticas, pois pode levar a uma importante *captura e armazenamento de carbono*.

Renaturalização: Processo de restauração e expansão de espaços, comunidades e sistemas biodiversos. A renaturalização costuma ser em grande escala, buscando restabelecer os processos naturais e, onde for apropriado, as espécies ausentes. Em alguns casos, espécies substitutas podem ser usadas para desempenhar um papel semelhante às espécies ausentes na comunidade em recuperação. Neste livro, o termo renaturalização é usado em seu sentido mais amplo, significando a ambição de restaurar a natureza em toda a Terra e reverter a perda de *biodiversidade*, garantindo que toda a humanidade se torne mais *sustentável*. Portanto, a mitigação das mudanças climáticas é considerada um componente necessário para a renaturalização do mundo.

Renováveis (energia renovável): Energia de fontes que se reabastecem naturalmente em uma escala de tempo humana, como solar, eólica, bioenergia, marés, energia das ondas, energia hidrelétrica e calor geotérmico. As energias renováveis são tipicamente substitutas de baixo ou zero carbono para os combustíveis fósseis.

Retração da floresta: Quando um conjunto de árvores perde a saúde e morre. Dois dos principais *pontos de inflexão* previstos para ocorrer neste século como resultado do desmatamento contínuo e das mudanças climáticas são retrações florestais, uma na Amazônia, a segunda na perene floresta boreal no Canadá e na Rússia.

Revolução da sustentabilidade: Uma revolução industrial prevista e iminente, na qual o condutor é uma onda de inovação com foco na sustentabilidade. Incluirá *renováveis*, transporte de baixo impacto, *economia circular* de desperdício zero, *captura e armazenamento de carbono*, *soluções baseadas na natureza*, *proteínas alternativas*, *carne limpa*, *agricultura regenerativa*, *agricultura vertical* etc. Promete uma oportunidade para *crescimento verde* e um futuro aspiracional.

Silvopastura: Uma das várias técnicas de agricultura regenerativa, a silvopastura é a prática de criar animais domésticos ao lado de árvores ou dentro de bosques e florestas. Pode aumentar significativamente a saúde e o rendimento dos animais, uma vez que estão protegidos pelas árvores e podem pastar à vontade.

Síndrome de deslocamento da linha de referência: A tendência do conceito de que é "normal" ou "natural" mudar ao longo do tempo devido às experiências das gerações subsequentes. Neste livro, é um termo usado para descrever nossa própria capacidade de esquecer, ao longo das gerações, como os ambientes naturais deveriam ser *biodiversos*.

Sistema terrestre: Sistema integrado geológico, químico, físico e biológico do planeta Terra. Durante todo o período do *Holoceno*, esse sistema manteve um ambiente benigno para a vida, contando com a interação complementar da atmosfera (ar), da hidrosfera (água), da criosfera (gelo e *permafrost*), da litosfera (rocha) e da *biosfera* (vida). O sistema terrestre deve continuar a operar de forma eficaz e fornecer um ambiente benigno enquanto nos mantivermos dentro dos *limites planetários*.

Sobrepesca: Remoção de uma espécie de peixe de um corpo de água a uma taxa que a espécie não possa se recuperar, resultando na sua subpopulação naquela área. Em 2020, a Organização das Nações Unidas para a Alimentação e a Agricultura relatou que um terço dos estoques pesqueiros do mundo está sofrendo pesca excessiva.

Solução baseada na natureza: Uso da natureza para lidar conjuntamente com questões sociais e ambientais, especialmente mudanças climáticas, segurança hídrica, segurança alimentar, poluição e risco de desastres. Os exemplos incluem o plantio de manguezais para evitar a erosão costeira, *AMPs* para aumentar a pesca, transformação das cidades em locais mais verdes para reduzir a temperatura do ar, construção de pântanos para evitar inundações e *reflorestamento* para agir como um recurso de *captura e armazenamento de carbono*. As soluções baseadas na natureza costumam ser relativamente econômicas e têm o benefício significativo de aumentar a *biodiversidade*.

Sustentável (sustentabilidade): Literalmente, a capacidade de algo continuar para sempre. No contexto deste livro, refere-se à capacidade de coexistência permanente entre a humanidade e a *biosfera*. Para ser sustentável, a humanidade deve estabelecer uma vida em nosso planeta que exista dentro dos *limites planetários*.

Transição demográfica: Fenômeno que ocorre em nações em que há uma mudança ao longo do tempo de altas taxas de natalidade e altas taxas de mortalidade infantil em sociedades com tecnologia mínima, educação e desenvolvimento econômico para baixas taxas de natalidade e baixas taxas de mortalidade em sociedades com tecnologia avançada, educação e desenvolvimento econômico.

Transição florestal: Padrão de mudança de uso da terra em uma área ao longo do tempo conforme ela é desenvolvida por uma sociedade humana. Para começar, quando a sociedade está menos desenvolvida, a floresta é dominante. À medida que a sociedade se desenvolve e cresce, ampliando sua produção de alimentos, ocorre o desmatamento. Com a agricultura se tornando mais eficiente, a população se muda para áreas urbanas e pode ocorrer o *reflorestamento*. Várias nações estão passando por uma transição florestal, e há sugestões de que também podemos falar de uma transição florestal global envolvendo toda a Terra.

David com Jonnie Hughes durante as filmagens de *Nosso planeta*.

Agradecimentos

Nosso planeta como um projeto, que compreende este livro e a série que o acompanha, foi elaborado por vários anos e exigiu a contribuição de muitos colegas. A ideia surgiu inicialmente durante conversas com Colin Butfield, do Worldwide Fund for Nature (WWF), e com Alastair Fothergill e Keith Scholey, meus velhos amigos da Silverback Films. Estou em dívida com os três. Eles foram fundamentais na definição da estrutura deste livro e conduziram a produção da série, que tanto informou sobre seu conteúdo.

Minha principal dívida, no entanto, ao escrever o livro, foi para com meu coautor, Jonnie Hughes. Ele está envolvido com questões ambientais há muitos anos e foi o diretor da série. Sua eloquência, sua experiência e sua clareza de pensamento foram inestimáveis. Isso foi especialmente importante na terceira parte deste livro, que se baseia nas ideias, opiniões e pesquisas de pessoas de muitos campos e organizações.

Não poderíamos ter esperado compilar tal visão sem a ajuda substancial da Equipe de Ciências do WWF. Gostaríamos de agradecer em particular a Mike Barrett, diretor-executivo de Conservação e Ciência do WWF do Reino Unido, por compartilhar sua perspectiva clara sobre a crise ambiental e por orientar a equipe que trabalha com ele em sua importante publicação, *Living Planet Report*, que foi uma grande inspiração para todos nós envolvidos neste projeto. Nossos agradecimentos também vão para Mark Wright, diretor científico do WWF, que nos dedicou muitas horas, garantindo que os argumentos apresentados em todo o projeto estivessem enraizados em exemplos do mundo real e em boas pesquisas científicas.

Essa colaboração com o WWF nos apresentou a muitos comunicadores e pesquisadores, numerosos demais para listar aqui. Gostaríamos, no entanto, de agradecer especialmente a Johan Rockström e à equipe que trabalhou com ele na criação do Modelo de Limites Planetários, e a Kate Raworth, autora do Modelo *Donut*. O trabalho deles proporcionou percepções profundas neste momento crítico de nossa história. Os escritos e as pesquisas de Paul Hawken e Callum Roberts foram fundamentais para a compreensão dos problemas e soluções associados, respectivamente, com as mudanças climáticas e o oceano.

Somos muito gratos pela orientação de Albert DePetrillo e Nell Warner, da Penguin Random House, e a Robert Kirby e Michael Ridley por sua ajuda na produção deste livro.

Meus agradecimentos também à minha querida filha, Susan, que organiza a mim e à minha agenda, e que — várias vezes — ouviu com extraordinária paciência cada palavra deste livro.

O envolvimento neste projeto trouxe muitas emoções. A verdade sobre a situação atual de nosso planeta é muito além de alarmante. Descobrir os detalhes mais recentes de nossa crise me incomodou muito. Mas, contra isso, é comovente descobrir até que ponto mentes brilhantes estão agora trabalhando para entender e, ainda mais, para resolver os problemas que enfrentamos. Minha grande esperança é que essas mentes possam se reunir e influenciar nosso futuro. Como fui lembrado durante a concepção de *Nosso planeta*, é possível conseguir muito mais trabalhando com os outros do que qualquer um pode conseguir sozinho.

David Attenborough
Richmond, Reino Unido
8 de julho de 2020

Notas

Parte um: Minha declaração como testemunha

1. A fonte mais confiável de dados da população mundial é compilada pela Divisão de População das Nações Unidas, e uma ampla gama de informações pode ser acessada via https://population.un.org/wpp/ e, em particular, o "World Population Prospects 2019 – Highlights" em https://population.un.org/wpp/Publications/Files/WPP2019_Highlights.pdf.

2. Aqui usamos "carbono" como uma abreviatura para "dióxido de carbono". A proporção crescente de dióxido de carbono na atmosfera é uma característica de nosso desenvolvimento recente e um grande impulsionador do aquecimento global. A acumulação na atmosfera está diretamente ligada à queima de combustíveis fósseis — carvão, petróleo e gás. Ao longo deste livro, usamos dados de dióxido de carbono do observatório Mauna Loa: https://www.esrl.noaa.gov/gmd/ccgg/trends/data.html.

3. As estimativas sobre a natureza selvagem remanescente são baseadas em dados e extrapolações de E. C. Ellis *et al.* (2010), "Anthropogenic transformation of the biomes, 1700 to 2000 (supplementary info Appendix 5)", *Global Ecology and Biogeography* 19, 589-606.

4. O número exato de eventos de extinção em massa depende do ponto que você determina que um grande evento de extinção seja "em massa". Normalmente, os geólogos falam de cinco eventos de extinção em massa antes do atual, na ordem, o evento Ordoviciano-Siluriano de 450 milhões de anos atrás (MA), o evento Devoniano Superior (375 MA), o evento Permiano-Triássico (252 MA), que foi o mais extremo, com até 96% das espécies marinhas e 70% das espécies terrestres desaparecidos, o evento Triássico-Jurássico (201 MA) e o evento Cretáceo-Paleógeno (66 MA), que encerrou a era dos dinossauros.

5. Existem várias teorias sobre o que causou o fim da era dos dinossauros. A proposta de que foi em grande parte devido ao impacto de um meteorito na Península de Yucatán foi vista como radical quando sugerida pela primeira vez, mas, com cada vez mais evidências, incluindo, mais recentemente, a perfuração de rocha profunda na cratera Chicxulub em 2016, tornou-se a teoria mais amplamente apoiada. Para um bom relato recente dessa evidência, consulte E. Hand (2016), "Drilling of dinosaur-killing impact crater explains buried circular hills", *Science*, 17 de novembro de 2016. Disponível em https://www.sciencemag.org/news/2016/11/updated-drilling-dinosaur-killing-impact-crater-explains-buried-circular-hills.

6. A análise genética apoia a crença de que houve um gargalo populacional há aproximadamente 70 mil anos, no qual o número de seres humanos caiu para um nível muito baixo. Há um debate vigoroso sobre o que causou esse gargalo específico — variando de um vulcão a razões socioculturais —, mas a maioria acredita que a razão subjacente de nossa população não ser grande o suficiente para resistir facilmente a tais eventos foi a imprevisibilidade do clima no longo prazo. Para o leitor interessado, estes são apenas alguns dos artigos que exploram o gargalo: J. E. Tierney *et al.* (2017), "A climatic context for the out-of-Africa migration", disponível em https://pubs.geoscienceworld.org/gsa/geology/article/45/11/1023/516677/A-climatic-context-for-the-out-of-Africa-migration; C. D. Huff *et al.* (2010), "Mobile elements reveal small population size in the ancient ancestors of *Homo sapiens*", disponível em https://www.pnas.org/content/107/5/2147; T. C. Zeng *et al.* (2018), "Cultural hitchhiking and competition between patrilineal kin groups explain the post-Neolithic Y-chromosome bottleneck", *Nature*, disponível em https://www.nature.com/articles/s41467-018-04375-6.

7. Podemos avaliar a temperatura média de ambientes do passado examinando núcleos de gelo, anéis de árvores e sedimentos oceânicos. Isso nos conta que, por várias centenas de milhares de anos antes do Holoceno, a temperatura média da Terra era muito mais errática e geralmente mais fria do que a média atual. A Nasa produziu um artigo interessante que fornece mais informações: https://earthobservatory.nasa.gov/features/GlobalWarming/page3.php.

8. Os registros de todas as comunicações das missões Apollo estão disponíveis no site da Nasa e são uma leitura fascinante: https://www.nasa.gov/mission_pages/apollo/missions/index.html.

9. O importante papel das baleias na distribuição de nutrientes está sendo descoberto agora. Elas transportam nutrientes lateralmente, ao se moverem entre as áreas de alimentação e reprodução, e verticalmente, transportando nutrientes de águas profundas ricas em nutrientes para águas superficiais por meio de colunas de fezes e urina. Estima-se que a capacidade dos animais de mover os nutrientes dos locais onde estão concentrados diminuiu cerca de 5% do que era antes da caça industrial às baleias. Ver C. E. Doughty (2016), "Global nutrient transport in a world of giants", disponível em https://www.ncbi.nlm.nih.gov/pmc/articles/PMC4743783/. Para um estudo localizado no Golfo do Maine, ver J. Roman e J. J. McCarthy (2010), "The Whale Pump: Marine Mammals Enhance Primary Productivity in a Coastal Basin", PLoS ONE 5(10): e13255, https://doi.org/10.1371/journal.pone.0013255.

10. A primeira estimativa global do impacto da caça às baleias foi concluída recentemente e revelou que a caça às baleias pode ter sido o maior abate global de qualquer animal em peso na história da humanidade. Ver D. Cressey (2015), "World whaling slaughter tallied", *Nature*, disponível em https://www.nature.com/news/world-s-whaling-slaughter-tallied-1.17080.

11. O site www.globalforestwatch.org é um recurso on-line útil cujo objetivo é mapear todas as mudanças na cobertura florestal global. Existem dificuldades para a realização dessa tarefa. As plantações podem parecer florestas naturais vistas do espaço, embora sejam, em comparação, hábitats de muito baixa diversidade. A Global Forest Biodiversity Initiative (https://www.gfbinitiative.org/) está tentando mapear com mais precisão a biodiversidade das florestas. Um de seus membros principais, Thomas Crowther, avaliou recentemente o total de árvores globais e estimou seu esgotamento em nossas mãos. Ver "Mapping tree density at a global scale", *Nature*, 525, 201-205 (2015), disponível em https://doi.org/10.1038/nature14967.

12. Em 2016, a União Internacional para a Conservação da Natureza (IUCN) estimou que havia 104.700 orangotangos de Bornéu. Isso representa um declínio de cerca de 288.500 indivíduos desde 1973. Eles preveem um declínio adicional de 47 mil indivíduos até 2025; https://www.iucnredlist.org/species/17975/123809220# population.

13. A estimativa é que as células eucarióticas evoluíram entre 2 e 2,7 bilhões de anos atrás, ou seja, cerca de 1,5 bilhão de anos após a origem da vida; https://www.scientificamerican.com/article/when-did-eukaryotic-cells/. A vida multicelular evoluiu há pouco mais de meio

bilhão de anos, cerca de 1,5 bilhão de anos mais tarde; https://astrobiology.nasa.gov/news/how-did-multicellular-life-evolve/.

14. Um estudo dos dados mundiais de pesca foi realizado por pesquisadores em 2003 e revelou a taxa surpreendente em que nosso esforço de pesca reduziu os maiores peixes do mar. Para saber mais, ver o filme de Rupert Murray, *The End of the Line*, ou ler o artigo de R. Myers e B. Worm (2003), "Rapid Worldwide Depletion of Predatory Fish Communities", *Nature*, 423, 280-3, disponível em https://www.nature.com/articles/nature01610.

15. Para uma avaliação atualizada do impacto dos subsídios à pesca no mundo, ver Sumaila *et al.* (2019), "Updated estimates and analysis of global fisheries subsidies", disponível em https://doi.org/10.1016/j.marpol. 2019. 103695; WWF (2019) e "Five ways harmful fisheries subsidies impact coastal communities", disponível em https://www.worldwildlife.org/stories/5-ways-harmful-fisheries-subsidies-impact-coastal-communities.

16. Para mais dessas histórias e uma descrição detalhada das maneiras pelas quais a mudança da síndrome da linha de referência impactou as expectativas que temos para o nosso oceano, ver Callum Roberts (2013), *Ocean of Life*, Penguin Books.

17. Uma avaliação completa da extinção no final do Permiano pode ser encontrada em R. V. White (2002), "Earth's biggest 'whodunit': unravelling the clues in the case of the end-Permian mass extinction", Philosophical Transactions of the Royal Society of London, 360 (1801):2963-2985, disponível em https://www.le.ac.uk/gl/ads/SiberianTraps/Documents/White2002-P-Tr-whodunit.pdf.

18. As situações no Ártico e na Antártica estão mudando rapidamente ano após ano. Para obter a melhor fonte dos dados mais recentes, estes dois sites são muito interessantes e confiáveis: National Snow and Ice Data Center, https://nsidc.org/data/seaice_index/, e National Oceanic and Atmospheric Administration, https://www.arctic.noaa.gov/Report-Card. Para obter mais detalhes, o World Glacier Monitoring Service (WGMS) também coleta dados anuais de todas as geleiras monitoradas do mundo (https://wgms.ch/).

19. O relatório mais abrangente sobre o estado da biodiversidade mundial é o IPBES Global Assessment (2019). O documento resumido está disponível em https://ipbes.net/sites/default/files/2020-02/ipbes_global_assessment_report_summary_for_policymakers_en.pdf. Além disso, o relatório bianual Living Planet Report do WWF oferece um inventário confiável e acessível; visite www.panda.org para a última edição.

20. A Organização das Nações Unidas para a Alimentação e a Agricultura (FAO) publica a revisão mais abrangente sobre o setor de peixes marinhos e de água doce a cada dois anos, intitulada "The State of World Fisheries and Aquaculture". A edição de 2020 está disponível em http://www.fao.org/state-of-fisheries-aquaculture.

21. Riskier Business (2020) fornece um relato detalhado de quanta terra é necessária, fora do Reino Unido, para atender a sua demanda de apenas sete commodities (incluindo soja e carne bovina). Um resumo e o relatório completo podem ser baixados em https://www.wwf.org.uk/riskybusiness.

22. Uma revisão acessível da perda global de insetos está em D. Goulson (2019), "Insect declines and why they matter"; pode ser encontrado em https://www.somersetwildlife.org/sites/default/files/2019-11/FULL%20AFI%20REPORT%20WEB1_1.pdf. E, para aqueles que desejam ler sobre como restaurar as populações de insetos, alguns bons exemplos (do Reino Unido) podem ser encontrados em Wildlife Trusts (2020), "Reversing the decline of insects", disponível em https://www.wildlifetrusts.org/sites/padrão/files/2020-07/Reversing%20the%20Decline%20of%20Insects%20FINAL%2029.06.20.pdf. Ver também Parte 2, nota 9.

23. Esses números para a representação de diferentes grupos vêm de uma avaliação inovadora da vida na Terra, de acordo com Y. M. Bar-On, R. Phillips e R. Milo (2018), "The biomass distribution on Earth", *Proceedings of the National Academy of Sciences*, 115(25) 6506-6511, disponível em https://www.pnas.org/content/pnas/early/2018/05/15/1711842115.full.pdf.

24. Dois órgãos principais se dedicam a informar sobre o estado do planeta. O Painel Intergovernamental sobre Mudanças Climáticas (IPCC) é a melhor fonte de informações sobre o consenso das mudanças climáticas atuais e previstas (www.ipcc.ch). A Plataforma Intergovernamental sobre Biodiversidade e Serviços Ecossistêmicos (IPBES) é a melhor fonte de informação sobre o estado da biodiversidade (www.ipbes.net). Para aqueles interessados no conceito de pontos de inflexão, uma fonte útil é R. McSweeney (2010), "Explainer: Nine 'tipping points' that could be triggered by climate change", disponível em https://www.carbonbrief.org/explainer-nine-tipping-points-that-could-be-triggered-by-climate-change.

25. Para um relato detalhado deste trabalho e suas implicações, recomendo a obra de fácil leitura de J. Rockström e M. Klum, *Big World, Small Planet*, Yale University Press, 2015.

26. O último estudo do IPBES (2019) sugere que a taxa atual de extinções é dezenas a centenas de vezes a taxa média dos últimos 10 milhões de anos, e acredita-se que a taxa média de perda de espécies de vertebrados no último século seja até 114 vezes maior do que a do passado. Ver https://ipbes.net/global-assessment.

27. Entre aqueles que preveem uma retração na Amazônia no curto prazo está o cientista brasileiro de sistema terrestre Carlos Nobre. Uma entrevista informativa com Nobre pode ser encontrada em https://e360.yale.edu/features/will-deforestation-and-warming-push-the-amazon-to-a-tipping-point. Um artigo correspondente pode ser lido em C. A. Nobre et al. (2016), "Land-use and climate change risks in the Amazon and the need of a novel sustainable development paradigm", disponível em https://www.pnas.org/content/pnas/113/39/10759.full.pdf.

28. As melhores fontes para os números mais recentes de perda de gelo são o Special Report on the Ocean and Cryosphere in a Changing Climate (2019), do IPCC, disponível em https://www.ipcc.ch/srocc/, e o Arctic Monitoring and Assessment Programme Climate Change Update 2019: An Update to Key Findings of Snow, Water, Ice and Permafrost in the Arctic (SWIPA) 2017, disponível em https://www.amap.no/documents/doc/amap-climate-change-update-2019/1761.

29. Para informações relacionadas ao *permafrost*, a Global Terrestrial Network for Permafrost (https://gtnp.arcticportal.org/) inclui todos os dados recentes.

30. Uma fonte importante de dados sobre eventos de branqueamento e perda de recifes de coral é o NOAA Coral Reef Watch, do governo dos EUA, disponível em https://coralreefwatch.noaa.gov, que usa dados de satélite e sistemas de informações geográficas para monitorar as condições do mar em todo o mundo. Para mais detalhes, também recomendo os relatórios do Global Coral Reef Monitoring Network, disponível em https://gcrmn.net/products/reports/.

31. A Organização das Nações Unidas para a Alimentação e a Agricultura (FAO) produz relatórios frequentes sobre os estados da agricultura global e da produção de alimentos. Um de seus relatórios fundamentais é o Status of the World's Soil Resources de 2015, que expôs as principais preocupações sobre a sustentabilidade da agricultura industrial moderna, disponível em http://www.fao.org/3/a-i5199e.pdf.

32. Um declínio mundial na população de insetos é amplamente reconhecido. As previsões para a perda de biodiversidade dessas espécies no futuro são mais difíceis de avaliar, mas um artigo importante e respeitado foi concluído por Francisco Sanchez-Bayo e Kris Wyckhuys em 2019; ver "Worldwide decline of the entomofauna: A review of its drivers", disponível em https://www.sciencedirect.com/science/article/pii/S0006320718313636. Ver também Parte 1, nota 22.

33. Durante a pandemia de Covid-19, o IPBES (2020) deixou clara a ligação entre vírus emergentes e nossa degradação do meio ambiente em um artigo; ver https://ipbes.net/covid19stimulus.

34. O IPCC é o principal órgão internacional que avalia a ciência das mudanças climáticas. Seu relatório de 2019 Oceans and the Cryosphere in a Changing Climate inclui as projeções

mais recentes de aumento do nível do mar, disponível em https://www.ipcc.ch/srocc/chapter/summary-for-policymakers/.

35. A organização C40 Cities é uma rede de megacidades mundiais comprometidas com a mudança climática. É uma boa fonte de informações sobre como as áreas urbanas provavelmente serão afetadas pelo aquecimento global e como as cidades responsáveis estão lidando com os problemas que enfrentam. Ver https://www.c40.org.

36. Existem muitos modelos que projetam os impactos futuros das mudanças climáticas. O modelo que mostra como nosso planeta pode estar 4 °C mais quente em 2100 aparece no cenário RCP8 da quinta avaliação do IPCC, disponível em https://www.ipcc.ch/assessment-report/ar5/. A projeção de que um quarto da população humana poderia viver em locais com temperatura média acima de 29 °C usa um conjunto diferente de suposições de modelagem que, embora baseadas no final mais extremo das projeções, ainda é considerado um resultado possível. Ver C. Xu et al. (2020), "Future of the human climate niche", Proceedings of the National Academy of Sciences, maio de 2020, 117(21), 11350-11355; https://www.pnas.org/content/early/2020/04/28/1910114117.

Parte três: Uma visão para o futuro: como renaturalizar o mundo

37. Isso vem de *The Dasgupta Review: Independent Review on the Economics of Biodiversity*, que saiu no final de 2020. Essa revista apresenta um argumento poderoso para valorizar os serviços ambientais da natureza de forma mais adequada em uma economia moderna. Ver https://www.gov.uk/government/publications/interim-report-the-dasgupta-review-independent-review-on-the-economics-of-biodiversity.

38. O livro de Kate Raworth *Economia Donut* (2017) é uma excelente avaliação da incompatibilidade de nosso sistema econômico atual com as realidades do mundo natural. Ele contém uma descrição detalhada do Modelo *Donut* e oferece muitas orientações sobre como podemos organizar nossas economias de forma sustentável.

39. As florestas tropicais são, em muitos casos, ecossistemas antigos. Uma boa visão geral da história delas e de como funcionam pode ser encontrada em J. Ghazoul e D. Sheil, *Tropical Rain Forest Ecology, Diversity, and Conservation*, Oxford University Press, 2010.

40. The Dasgupta Review: Independent Review on the Economics of Biodiversity – An Interim Report propõe que, como uma alternativa ao uso do PIB para avaliar o sucesso, deveríamos adotar o Produto Interno Líquido (PIL), medida que inclui o verdadeiro custo do dano ambiental; ver https://www.gov.uk/government/publications/interim-report-the-dasgupta-review-independent-review-on-the-economics-of-biodiversity. Para obter mais informações sobre o Índice do Planeta Feliz, ver http://happyplanetindex.org/.

41. A principal fonte desses dados e uma boa base de informações globais sobre energia é a Agência Internacional de Energia (www.iea.org).

42. O mundo dos orçamentos de carbono é uma área muito técnica. Para uma visão geral, ver https://www.ipcc.ch/sr15/chapter/chapter-2/. Para uma descrição das projeções de emissões futuras, ver https://ourworldindata.org/co2-and-other-greenhouse-gas-emissions#future-emissions.

43. O Projeto Drawdown é uma organização sem fins lucrativos que compilou uma análise extensa e bastante acessível de medidas para mitigar as mudanças climáticas, cada uma analisada por sua importância relativa; ver www.drawdown.org.

44. Para uma previsão radical das mudanças que podem ocorrer no setor de transporte, ver https://www.rethinkx.com/transportation.

45. O Centro de Resiliência de Estocolmo é um guia para a ciência do sistema terrestre e o pensamento sobre sustentabilidade. Esteve por trás do Modelo de Limites Planetários e trabalha para assessorar governos sobre políticas ambientais. Veja mais em https://www.stockholmresilience.org/.

46. Para conhecer algumas das melhores maneiras de realizar a transição energética, consulte os diversos relatórios do WWF disponíveis em https://www.wwf.org.uk/updates/uk-investment-strategy-building-back-resilient-and-sustainable– economia.

47. Exemplos de estudos que relacionam maior biodiversidade com maior capacidade de capturar e armazenar carbono nos ecossistemas incluem Atwood *et al.* (2015), que demonstram que, quando os principais predadores foram removidos, a captura e o armazenamento de carbono em sapais na Nova Inglaterra e em manguezais e ecossistemas de ervas marinhas na Austrália foram reduzidos devido ao aumento dos herbívoros, disponível em https://www.nature.com/articles/nclimate2763; já Liu *et al.* (2018) descobriram que a riqueza de espécies de árvores em florestas subtropicais na China aumentou a capacidade da floresta de capturar e armazenar carbono, disponível em https://royalsocietypublishing.org/doi/full/10.1098/rspb.2018.1240; e Osuri *et al.* (2020) descobriram que as florestas naturais eram melhores na captura e na retenção de carbono do que as plantações na Índia, disponível em https://iopscience.iop.org/article/10.1088/1748-9326/ab5f75.

48. Informações úteis sobre a situação das Áreas Marinhas Protegidas podem ser encontradas em Protected Planet: https://www.protectedplanet.net/marine. É importante notar que, atualmente, nem todas as áreas protegidas são geridas de forma eficaz. Na verdade, algumas estimativas sugerem que apenas cerca de 50% das AMPS são administradas corretamente.

49. O Smithsonian tem um relatório detalhado sobre a história de sucesso da AMP de Cabo Pulmo, que demonstra como é importante fazer com que a comunidade local invista em AMPS e projetos de conservação em geral; ver https://ocean.si.edu/conservation/solutions-success-stories/cabo-pulmo-protected-area.

50. Para obter mais informações sobre a eficácia dos ecossistemas costeiros na captura e remoção de carbono, e os esforços em andamento para restaurar manguezais, sapais e prados de ervas marinhas para esse fim, ver https://www.thebluecarboninitiative.org/. Para ver mais detalhes sobre o projeto de Áreas Marinhas Protegidas, esta é uma leitura interessante da Austrália: https://ecology.uq.edu.au/filething/get/39100/Scientific_Principles_MPAs_c6.pdf.

51. O ambiente marinho apresenta dificuldades particulares na avaliação das populações de unidades populacionais de peixes e no acompanhamento das atividades dos navios de pesca no mar, ambos necessários para garantir a sustentabilidade. Esses problemas estão sendo enfrentados por esquemas de certificação existentes, mas ainda não foram totalmente resolvidos.

52. A Convenção das Nações Unidas sobre o Direito do Mar é o tratado internacional que rege o uso do oceano pelo mundo. Atualmente, ele está sendo alterado pela primeira vez em décadas, e muitas pessoas estão trabalhando duro para garantir que a sustentabilidade esteja no centro dessas atualizações. Se acertarmos essas mudanças, isso poderá transformar a relação da humanidade com o oceano. Para obter mais informações, ver https://www.un.org/bbnj/.

53. Os números da pesca e da produção da aquicultura são publicados regularmente pela FAO em seu State of World Fisheries and Aquaculture. A edição 2020 pode ser encontrada aqui: http://www.fao.org/state-of-fisheries-aquaculture.

54. O Aquaculture Stewardship Council (ASC) gerencia um programa de certificação e rotulagem para a aquicultura responsável. Procure seu rótulo verde em produtos da aquicultura, como salmão de viveiro e marisco. Ver https://www.asc-aqua.org/.

55. A tecnologia de bioenergia com captura e armazenamento de carbono (BECCS) está atualmente sob investigação como um método de remoção de carbono da atmosfera gerando,

ao mesmo tempo, calor ou eletricidade. Se for uma opção escalonável, poderá ajudar a reduzir a pressão das plantações de bioenergia que competem por espaço com a produção de alimentos ou hábitats naturais. A vantagem de usar kelp como cultura de bioenergia é que uma floresta de kelp restaurada é um hábitat de alta biodiversidade que cresce a uma velocidade que pode suportar uma colheita regular, mas bem administrada.

56. Para um relato vívido das maneiras como a humanidade usa a terra, ver a apresentação criada pelo projeto de pesquisa e dados Our World in Data, disponível em https://ourworldindata.org/land-use.

57. O Relatório Especial sobre Mudanças Climáticas e Terras do IPCC (revisado em 2020) tem algumas visões fascinantes sobre como o uso da terra impacta o clima: https://www.ipcc.ch/srccl/chapter/summary-for-policymakers/.

58. Ainda temos de aprender muito sobre as maneiras como os solos funcionam. Os micro--organismos e os invertebrados que vivem em solos saudáveis interagem uns com os outros e com a vida vegetal ao seu redor de várias maneiras complexas. Está ficando aparente que a alta biodiversidade do solo é de importância fundamental para a fixação de nutrientes essenciais, a condição desse solo, o crescimento das plantas e a captura e o armazenamento de carbono na terra. Ver P. R. Hirsch (2018), "Soil microorganisms: role in soil health", em D. Reicosky (ed.), *Managing Soil Health for Sustainable Agriculture*, Volume 1: "Fundamentals", Burleigh Dodds, Cambridge, UK, p. 169-96. Para aqueles que procuram uma boa visão geral do sistema de produção de alimentos e o que precisa mudar, o seguinte relatório da Food and Land Use Coalition "demonstra como, até 2030, os sistemas de uso de alimentos e terra podem ajudar a controlar as mudanças climáticas, salvaguardar a diversidade biológica, garantir dietas mais saudáveis para todos, melhorar drasticamente a segurança alimentar e criar economias rurais mais inclusivas": Folu (2019), Growing Better: Ten Critical Transitions to Transform Food and Land Use", disponível em https://www.foodandlandusecoalition.org/wp-content/uploads/2019/09/FOLU-GrowingBetter-GlobalReport.pdf.

59. A Universidade de Wageningen, na Holanda, é um importante centro de pesquisa que investiga abordagens de alta tecnologia para melhorar a sustentabilidade da agricultura e tem sido fundamental para muitas das técnicas testadas em algumas dessas fazendas holandesas. Ver https://weblog.wur.eu/spotlight/.

60. Duas fontes importantes de informação sobre agricultura regenerativa são Regeneration International (https://regenerationinternational.org) e P. J. Burgess, J. Harris, A. R. Graves e L. K. Deeks (2019), "Regenerative Agriculture: Identifying the Impact; Enabling the Potential, Relatório para Systemiq", 17 de maio de 2019, Cranfield University, Bedfordshire, Reino Unido, disponível em https://www.foodandlandusecoalition.org/wp-content/uploads/2019/09/Regenerative-Agriculture-final.pdf.

61. Para uma apresentação sobre a quantidade de terra de que precisamos para alimentar a população mundial com a dieta média de um determinado país, ver https://ourworldindata.org/agricultural-land-by-global-diets. Dados sobre o consumo de carne em todo o mundo podem ser encontrados em https://ourworldindata.org/meat-production#which-countries-eat-the-most-meat.

62. Os principais relatórios nos últimos tempos têm sido The Planetary Health Diet and You, pela comissão EAT-Lancet (2019), disponível em https://eatforum.org/eat-lancet-commission/the-planetary-health-diet-and-you/, e Sustainable Diets and Biodiversity, da FAO (2010), disponível em http://www.fao.org/3/a-i3004e.pdf.

63. Essa avaliação aparece em um trabalho recente do Programme on the Future of Food, da Universidade de Oxford; ver M. Springmann et al. (2016), "Analysis and valuation of the health and climate change cobenefits of dietary change", disponível em https://www.pnas.org/content/early/2016/03/16/1523119113.

64. Fontes originais são citadas em https://www.theguardian.com/business/2018/nov/01/third-of-britons-have-stopped-or-reduced-meat-eating-vegan-vegetarian-report e https: // www.foodnavigator-usa.com/Article/2018/06/20/Innovative-plant-based-food-options-outperform-traditional-staples-Nielsen-finds. Uma pesquisa recente mostrou que o número de pessoas que reduziram o consumo de carne no Reino Unido aumentou de 28% em 2017 para 39% em 2019; ver https://www.mintel.com/press-centre/food-and-drink/plant-based-push-uk-sales-of-meat-free-foods-shoot-up-40-between-2014-19.

65. Para uma revisão radical da rapidez e da extensão com que o setor agrícola pode ser mudado por essa revolução na produção de alimentos, ver https://www.rethinkx.com/food-and-agriculture-executive-summary. O estudo da FAO (2012) mirando a agricultura mundial em 2030 e 2050 é uma análise detalhada muito boa; ver http://www.fao.org/3/a-ap106e.pdf.

66. A quantidade de terra de que cada ser humano precisa para se alimentar com vegetais está diminuindo rapidamente devido ao aumento da produtividade da agricultura moderna. Para ver os dados sobre essa tendência e uma série de previsões da quantidade de terras agrícolas necessárias no futuro, com base nos dados da FAO, ver https://ourworldindata.org/land-use#peak-farmland.

67. Mais informações sobre o programa REDD+ da ONU podem ser encontradas em https://www.un-redd.org/.

68. O Forestry Stewardship Council (FSC) é uma organização internacional sem fins lucrativos cuja missão é promover o manejo ambientalmente adequado, socialmente benéfico e economicamente viável das florestas em todo o mundo. Possui um sistema global de certificação florestal. Seu rótulo verde é uma boa indicação de que uma madeira ou produto de madeira seja oriundo de florestas manejadas de maneira sustentável e equitativa. Ver https://www.fsc.org.

69. Um bom exemplo de silvicultura tropical sustentável é a Reserva Florestal Deramakot, em Sabah, Bornéu, certificada como sustentável pelo Forestry Stewardship Council desde 1997, mais do que qualquer outra floresta tropical. A extração de madeira é cuidadosamente administrada para reter a biodiversidade, e, de fato, pesquisas têm mostrado que a reserva possui uma biodiversidade muito semelhante à floresta intocada em outras partes de Sabah. Uma história interessante e um curta-metragem sobre Deramakot podem ser encontrados em https://www.weforum.org/agenda/2019/09/jungle-gardener-borneo-logging-sustainably-wwf/.

70. Por exemplo, no Reino Unido, o governo está considerando conceder subsídios aos agricultores com base nos "bens públicos" de suas terras, incluindo níveis de biodiversidade e captura de carbono, em vez de simplesmente cultivar a terra como agora. Há quem duvide que a política vá longe o suficiente, mas uma pesquisa recente da Wildlife and Countryside Link mostrou que a comunidade agrícola da Inglaterra, pelo menos, apoia essa transição. Ver https://www.wcl.org.uk/assets/uploads/files/WCL_Farmer_Survey_Report_Jun19FINAL.pdf.

71. A história da renaturalização de Charlie e Isabella em sua fazenda em Sussex é maravilhosamente capturada no livro *Wilding*, escrito pela própria Isabella em 2018. É um relato revelador dos problemas com nossa abordagem moderna da agricultura e do grau surpreendente com que a natureza pode se recuperar se tiver a chance. Também demonstra os serviços ambientais que ganhamos com um ecossistema diversificado. A fazenda tornou-se substancialmente mais bem equipada para capturar carbono, melhorando a saúde de seus solos e mitigando inundações.

72. Projetos de renaturalização estão ganhando espaço em todo o mundo e são cada vez mais adotados com uma abordagem que permite a recuperação da biodiversidade e dos processos naturais em uma escala local. Os exemplos incluem: o projeto Ennerdale, em um cenário de produção de uso misto no coração de um dos locais mais queridos do Reino Unido, o Lake District; a iniciativa American Prairie Reserve nos EUA, ligando e restaurando pastagens de pradaria nativas; e projetos em toda a Europa apoiados pela Rewilding Europe, como a restauração do delta do Danúbio. Para obter mais informações, ver http://www.wildennerdale.

co.uk/, https://rewildingeurope.com/space-for-wild-nature/ e https://rewildingeurope.com/areas/danube-delta/.

73. Para o relato do Parque Nacional de Yellowstone sobre a recuperação do lobo e seu efeito na biodiversidade, ver https://www.nps.gov/yell/learn/nature/wolf-restoration.htm.

74. Esse relatório histórico sobre o potencial da restauração de árvores para mitigar as mudanças climáticas foi concluído pela FAO e pelo laboratório de Thomas Crowther. Embora o plantio de árvores não deva ser visto como uma alternativa ao corte do uso de combustível fóssil, o relatório sugere que há 1,7 bilhão de hectares de terra sem árvores onde 1,2 trilhão de mudas nativas poderiam ser plantadas. Ver https://science.sciencemag.org/content/365/6448/76.

75. A Divisão de População da ONU é a autoridade em dados populacionais globais. Em 2019, publicou as últimas Perspectivas da População Mundial, com várias projeções da população mundial até 2100 considerando diferentes hipóteses; ver https://population.un.org/wpp/. Para uma apresentação mais palatável desses dados, ver https://ourworldindata.org/future-population-growth.

76. Para obter uma explicação mais detalhada sobre o Dia da Sobrecarga da Terra e como é calculado, ver https://www.overshootday.org.

77. Our World in Data é um grande recurso para muitas coisas, incluindo dados populacionais. Reúne apresentações sobre o crescimento da população mundial, previsões futuras da população, taxa de fertilidade, expectativa de vida e muitos outros aspectos da demografia. Ver, por exemplo, https://ourworldindata.org/world-population-growth.

78. Hans Rosling foi um notável comunicador das ciências sociais. Seu trabalho é mantido pela Fundação Gapminder; ver https://www.gapminder.org/, site que reúne diversos vídeos e ferramentas interativas sobre a população e as realidades da pobreza.

79. Para uma apresentação que compara a política do filho único da China com a queda da fertilidade de Taiwan, ver https://ourworldindata.org/fertility-rate#coercive-policy-interventions.

80. Os sites da ONU Mulheres (https://www.unwomen.org/en) e do Fundo de População da ONU (https://www.unfpa.org/) apresentam comentários precisos sobre muitas dessas questões.

81. Uma descrição detalhada da metodologia do estudo do Wittgenstein Centre pode ser encontrada em https://iiasa.ac.at/web/home/research/researchPrograms/WorldPopulation/Projections_2014.html.

82. A Ellen MacArthur Foundation visa provocar discussão e ação com a ambição de criar uma economia circular na prática. Seu site é uma rica fonte de informações e ideias sobre o assunto; ver https://www.ellenmacarthurfoundation.org. Além disso, o livro *Economia Donut*, de Kate Raworth, é uma leitura esclarecedora de como esse sistema pode surgir.

83. O relatório de 2019 da FAO, The State of Food and Agriculture, incluiu um estudo abrangente do desperdício de alimentos no mundo hoje e uma revisão de como reduzi-lo; ver http://www.fao.org/state-of-food-agriculture/2019. Um novo relatório do WWF-WRAP (2020), Halving Food Loss and Waste in the EU by 2030: The Major Steps Needed to Accelerate Progress, fornece orientações concretas sobre como reduzir o desperdício e está disponível em: https://wwfeu.awsassets.panda.org/downloads/wwf_wrap_halvingfoodlossandwasteintheeu_june2020__2_.pdf.

84. O Acordo de Kigali do Protocolo de Montreal, assinado em 2016 por 170 nações, compromete os governos com o gerenciamento e o tratamento corretos de geladeiras que utilizam HFC no final da vida útil. O Projeto Drawdown reconhece isso como a primeira das oitenta soluções climáticas listadas em sua análise. Eles estimam que esse ato evitaria que quase noventa gigatoneladas de equivalentes de dióxido de carbono entrassem na atmosfera.

Este livro, composto na fonte Fairfield,
foi impresso em papel Pólen Natural 70 g/m², na Corprint.
São Paulo, outubro de 2022.